数据星河

构建现代化数据仓库之路

程志远 左岩 翟文麟 编著

清华大学出版社
北京

内 容 简 介

本书以数据仓库建设内容为主线,以理论基础为核心,引导读者渐进式地学习数据仓库建设版图中所需知识。通过认识数据基建、数据质量、数据安全、实时技术、数据治理、数据资产、数据服务、数据应用等8个模块及常见项目,使读者能够了解日常数据仓库开发流程及数据仓库工作的具体内容,从而快速上手数据仓库建设工作。

本书共14章,分为基础篇、基建篇、应用篇、评价篇、展望篇。基础篇(第1章和第2章)介绍数据仓库框架和数据仓库模型建设知识点;基建篇(第3～8章)详细讲述数据仓库中每个板块建设,由浅入深地剖析搭建背景及搭建中的细节;应用篇(第9～11章)通过实战讲解,快速上手数据仓库常见项目;评价篇(第12章和第13章)结合数据仓库基建和项目,阐述完整数据仓库需要具备的条件,并补充评价体系指标;展望篇(第14章)结合当前AIGC应用衍生出数据仓库未来发展探索。本书示例代码丰富,实用性和系统性较强,助力读者透彻理解书中的重点、难点。

本书适合初学者入门,也适合工作多年的数据仓库开发者借鉴学习,还可作为高等院校和培训机构相关专业的教学参考书。

版权所有,侵权必究。举报: 010-62782989, beiqinquan@tup.tsinghua.edu.cn。

图书在版编目(CIP)数据

数据星河:构建现代化数据仓库之路 / 程志远,左岩,翟文麟编著. -- 北京:清华大学出版社,2025.3(2025.7重印). -- ISBN 978-7-302-68666-8

Ⅰ. TP311.13

中国国家版本馆CIP数据核字第2025AW3753号

责任编辑:赵佳霓
封面设计:刘　键
责任校对:郝美丽
责任印制:曹婉颖

出版发行:清华大学出版社
　　　网　　址:https://www.tup.com.cn,https://www.wqxuetang.com
　　　地　　址:北京清华大学学研大厦A座　　邮　　编:100084
　　　社 总 机:010-83470000　　　　　　　　邮　　购:010-62786544
　　　投稿与读者服务:010-62776969,c-service@tup.tsinghua.edu.cn
　　　质量反馈:010-62772015,zhiliang@tup.tsinghua.edu.cn
　　　课件下载:https://www.tup.com.cn,010-83470236
印 装 者:涿州汇美亿浓印刷有限公司
经　　销:全国新华书店
开　　本:186mm×240mm　　印　　张:14.5　　字　　数:329千字
版　　次:2025年5月第1版　　　　　　　　印　　次:2025年7月第2次印刷
印　　数:1501~2700
定　　价:59.00元

产品编号:102607-01

PREFACE
前　　言

尊敬的读者，在当今大数据时代，数据已成为企业发展和竞争的重要资源之一。然而，由于数据来源复杂、数据量庞大、数据类型多样等因素，企业往往难以有效地利用这些数据来支持业务决策和创新发展。

现如今，解决数据问题的方案有很多，如数据库、数据仓库、数据湖等。各种技术架构也层出不穷。同时随着云计算的普及，以上架构也分为云集群和本地集群，这两种方案的人力成本和物力成本千差万别。在如此繁多且复杂的架构中，如何选出适合自身业务的一款是重中之重。本书也会对不同的架构进行详细介绍，并给出具体场景以供参考。

数据仓库是解决这一矛盾的有效手段之一。它将分散的数据集成、整合，提供一致的数据视图和查询接口，帮助企业更好地理解自己的业务情况和市场趋势，从而做出更明智的决策。

本书旨在介绍数据仓库的基本概念、架构设计、实施方法和应用案例，全面阐述数据仓库的建设过程和管理方法。具体来讲，书中包含以下14章。

第1章：认识数据仓库，介绍数据仓库的基本定义、历史背景和发展趋势，帮助读者深入了解数据仓库的意义和作用。

第2章：数据仓库模型建设，介绍数据仓库的模型结构、维度建模方法和设计原则，帮助读者理解数据仓库的数据模型和关系结构。

第3章：元数据，介绍元数据的定义、分类、建模和管理方法，帮助读者全面掌握元数据管理的重要性和实现方法。

第4章：数据指标体系，介绍数据指标的概念、分类、设计和应用方法，帮助读者了解数据指标的本质和作用。

第5章：数据质量，介绍数据质量的定义、评估、提升和监控方法，帮助读者掌握数据质量管理的技术和实践。

第6章：数据安全，介绍数据安全的定义、威胁、保障和监管方法，帮助读者理解数据安全的重要性和保护方法。

第7章：数据治理，介绍数据治理的定义、框架、流程和实施方法，帮助读者理解数据治理的目标和实践。

第 8 章：实时技术，介绍实时计算技术的原理、架构和实现方法，帮助读者掌握实时数据仓库的设计和实现方法。

第 9 章：数据资产，介绍数据资产的定义、价值、管理和利用方法，帮助读者充分发挥数据资产的价值和效能。

第 10 章：数据服务，介绍数据服务的概念、分类、架构和实现方法，帮助读者了解数据服务的本质和应用方法。

第 11 章：数据应用，介绍数据应用的概念、类型、开发和部署方法，帮助读者掌握数据应用的设计和实现技术。

第 12 章：评价数据仓库的好坏，介绍数据仓库在建设后的评价体系，以及评价标准，帮助读者了解数据仓库建设过程的缺陷。

第 13 章：数据价值，介绍数据对业务侧提供数据支撑带来的价值收益评估，帮助读者量化数据带来的影响。

第 14 章：AIGC 对数据发展的影响，介绍数据与人工智能结合实现业务提效所带来的业务发展，帮助读者了解当前最新数据产品框架。

资源下载提示

素材（源码）等资源：扫描目录上方的二维码下载。

本书旨在为广大读者提供全面、系统、实用的数据仓库建设参考和指导。无论是从事数据仓库设计和管理的专业人士，还是具备基本数据库知识的技术爱好者都能够从本书中找到适合自己的学习和实践路径，助力企业走向数据驱动的未来。希望本书能够为您提供有益的帮助和启示。

笔　者

2025 年 1 月

CONTENTS 目　录

本书源码

基　础　篇

第 1 章　认识数据仓库　　003

- 1.1　大数据在如今社会中的运用　　003
- 1.2　大数据相关岗位介绍　　004
  - 1.2.1　数据仓库岗位介绍　　004
  - 1.2.2　数据平台岗位介绍　　005
  - 1.2.3　数据分析岗位介绍　　005
  - 1.2.4　数据产品岗位介绍　　005
  - 1.2.5　数据挖掘岗位介绍　　006
- 1.3　大数据在企业中的组织架构　　006
  - 1.3.1　数据中台　　006
  - 1.3.2　业务线数据　　006
- 1.4　数据仓库岗在大数据生态中的定位　　006
  - 1.4.1　数据仓库概念　　006
  - 1.4.2　数据仓库定位　　007
- 1.5　数据仓库发展史　　007
  - 1.5.1　数仓 1.0 传统数据仓库时代　　007
  - 1.5.2　数仓 2.0 Hadoop 生态时代　　007
  - 1.5.3　数仓 3.0 云端及数据平台时代　　008
  - 1.5.4　数仓 4.0 湖仓一体时代　　008
- 1.6　数据仓库建设内容简介　　009
  - 1.6.1　数据仓库建设版图　　010

1.6.2	数据基建简介	010
1.6.3	数据资产简介	011
1.6.4	数据服务简介	011
1.6.5	数据应用简介	011

1.7 数据仓库架构介绍　　012
    1.7.1　Lambda 架构　　012
    1.7.2　HSAP 架构　　012
    1.7.3　流批一体架构　　013
    1.7.4　Doris 架构　　013

1.8 数据仓库所使用的技术栈　　015

第 2 章　数据仓库模型建设　　017

2.1 OLTP 与 OLAP　　017
    2.1.1　什么是 OLTP　　017
    2.1.2　什么是 OLAP　　017
    2.1.3　OLTP 与 OLAP 的区别　　019

2.2 数据仓库分层　　019
    2.2.1　数据仓库分层原理　　019
    2.2.2　数据仓库分层内容　　020

2.3 数据仓库模型介绍　　021

2.4 数据仓库模型建设方法　　021
    2.4.1　三范式建模与维度建模介绍　　021
    2.4.2　三范式建模与维度建模区别　　022

2.5 数据模型建设的具体流程　　023
    2.5.1　数据模型设计的基本原则　　023
    2.5.2　数据模型设计过程　　023
    2.5.3　数据模型建设五要素　　023

2.6 数据域与主题域　　025

2.7 事实表设计　　026
    2.7.1　事实表类型　　026
    2.7.2　三类事实表区别　　026
    2.7.3　全量和增量　　027

2.7.4　拉链表　　　　　　　　　　　　　　　　　　027
　　　2.7.5　完整的数据模型内容案例　　　　　　　　　　028
2.8　数据标准介绍　　　　　　　　　　　　　　　　　　　029
　　　2.8.1　数据模型命名规范　　　　　　　　　　　　　029
　　　2.8.2　数据模型命名词根　　　　　　　　　　　　　030
　　　2.8.3　字段命名规范　　　　　　　　　　　　　　　031
　　　2.8.4　字段类型规范　　　　　　　　　　　　　　　031
　　　2.8.5　数据模型元数据规范　　　　　　　　　　　　031
　　　2.8.6　数据模型分区生命周期　　　　　　　　　　　032
2.9　数据模型发展周期　　　　　　　　　　　　　　　　　032
2.10　数据模型分层新式方法　　　　　　　　　　　　　　033

基　建　篇

第 3 章　元数据　　　　　　　　　　　　　　　　　　　　　037

3.1　元数据定义及分类　　　　　　　　　　　　　　　　　037
　　　3.1.1　元数据定义　　　　　　　　　　　　　　　　037
　　　3.1.2　元数据分类　　　　　　　　　　　　　　　　037
3.2　元数据模型　　　　　　　　　　　　　　　　　　　　038
　　　3.2.1　确定元数据对象　　　　　　　　　　　　　　039
　　　3.2.2　确定元数据属性　　　　　　　　　　　　　　039
　　　3.2.3　确定元数据关系　　　　　　　　　　　　　　040
　　　3.2.4　创建元数据模型　　　　　　　　　　　　　　041
3.3　元数据管理　　　　　　　　　　　　　　　　　　　　043
　　　3.3.1　元数据采集与收集　　　　　　　　　　　　　043
　　　3.3.2　元数据存储　　　　　　　　　　　　　　　　045
　　　3.3.3　元数据维护　　　　　　　　　　　　　　　　049
　　　3.3.4　元数据使用　　　　　　　　　　　　　　　　050
3.4　元数据管理工具　　　　　　　　　　　　　　　　　　051
3.5　数据血缘　　　　　　　　　　　　　　　　　　　　　053
　　　3.5.1　数据血缘功能　　　　　　　　　　　　　　　053
　　　3.5.2　数据血缘类型　　　　　　　　　　　　　　　053

第 4 章　数据指标体系　　056

4.1　数据指标概念　　056
4.2　数据指标分类　　057
4.2.1　按用途分类　　057
4.2.2　按计算方法分类　　058
4.2.3　按时间范围分类　　059
4.3　数据指标设计　　063
4.3.1　明确目标　　063
4.3.2　选择方法　　063
4.3.3　确保一致性　　064
4.3.4　词根分类　　065
4.4　数据指标的应用场景　　065
4.4.1　数据明细报表　　066
4.4.2　数据可视化图　　066
4.4.3　数据挖掘　　066
4.4.4　指标监控　　067
4.5　数据指标中心建设　　067
4.5.1　数据指标中心建设的目的　　068
4.5.2　数据指标中心解决的痛点问题　　068
4.5.3　数据指标中心建设流程　　068

第 5 章　数据质量　　070

5.1　数据质量背景　　070
5.1.1　数据质量概念　　070
5.1.2　数据质量存在的痛点问题　　070
5.2　数据质量保障措施　　071
5.2.1　制定数据模型及指标的上线变更规范　　071
5.2.2　数据质量监控　　072
5.2.3　数据基线及 SLA　　074
5.2.4　容灾备份快速恢复能力　　075
5.2.5　数据问题上报平台　　075

		5.2.6 源头数据质量长期监测跟踪体系	076
	5.3	推动上下游开展数据质量建设活动	077
		5.3.1 数据仓库发展期	077
		5.3.2 数据仓库成熟期	077
	5.4	数据质量思考	078

第 6 章　数据安全　　　　　　　　　　　　　　　　　　　　　　　　　　079

6.1	数据安全背景		079
6.2	数据安全实施难点		079
	6.2.1	数据安全要做什么	079
	6.2.2	数据安全现状梳理	080
	6.2.3	数据安全保障方向	080
6.3	数据安全保障流程		080
	6.3.1	角色权限管理	080
	6.3.2	数据使用权限管理	082
	6.3.3	数据模型分级	083
	6.3.4	数据展示	084
	6.3.5	数据风险预期管理	085
	6.3.6	数据脱敏	086
6.4	数据安全实施阶段		087
	6.4.1	早期数据安全实施	087
	6.4.2	成熟期数据安全实施	088
6.5	数据安全思考		088

第 7 章　数据治理　　　　　　　　　　　　　　　　　　　　　　　　　　090

7.1	数据治理背景		090
	7.1.1	合规治理	090
	7.1.2	资源治理	091
7.2	数据仓库发展阶段		091
7.3	数据治理内容		092
	7.3.1	数据模型合规治理	092
	7.3.2	数据质量合规治理	094

7.3.3　数据安全合规治理　　096
　　7.3.4　存储资源治理　　097
　　7.3.5　计算资源治理　　099
　　7.3.6　小文件治理　　102
7.4　推动上下游开展数据治理活动方法　　105
7.5　数据治理思考与沉淀　　105

第8章　实时技术　　106

8.1　实时数据仓库搭建背景　　106
8.2　实时架构及组件　　107
　　8.2.1　实时数据仓库架构　　107
　　8.2.2　实时数据仓库组件　　109
8.3　实时开发流程　　109
8.4　实时链路优化　　117
8.5　实时技术产出量化　　119

应　用　篇

第9章　数据资产　　123

9.1　数据资产介绍　　123
9.2　风险名单数据资产(消费金融业务)　　123
　　9.2.1　项目背景　　123
　　9.2.2　项目流程介绍　　123
　　9.2.3　项目流程　　124
　　9.2.4　项目难点　　126
　　9.2.5　项目思考　　126
9.3　各场景下用户画像体系建设　　127
　　9.3.1　用户画像介绍　　127
　　9.3.2　项目背景　　127
　　9.3.3　项目流程介绍　　128
　　9.3.4　项目流程　　128
　　9.3.5　项目难点　　141

  9.3.6 项目思考 141

第 10 章 数据服务 143

 10.1 数据服务介绍 143
  10.1.1 数据服务概念 143
  10.1.2 当前数据应用时存在的痛点问题 143
 10.2 数据服务建设内容 144
  10.2.1 指标中心 144
  10.2.2 标签画像管理平台 146
  10.2.3 数据资产门户 147
  10.2.4 数据质量中心 149
  10.2.5 数据安全中心 150
  10.2.6 数据模型设计中心 150
  10.2.7 One-ID 152
  10.2.8 数据治理 360 152
 10.3 数据服务建设周期 154
  10.3.1 探索期 154
  10.3.2 扩张期 154

第 11 章 数据应用 155

 11.1 数据应用介绍 155
 11.2 神策明星榜数据（视频行业业务） 155
  11.2.1 项目背景 155
  11.2.2 项目流程介绍 155
  11.2.3 项目流程 156
  11.2.4 项目难点 177
  11.2.5 项目思考 177
 11.3 员工离职动因专项分析（人力资源业务） 177
  11.3.1 项目背景 177
  11.3.2 业务视角分析 178
  11.3.3 项目流程 179
  11.3.4 项目思考 182

11.4 征信系统专题分析	**182**
11.4.1 项目背景	182
11.4.2 项目流程	182
11.4.3 项目产出	182
11.4.4 项目思考	192

评 价 篇

第 12 章　评价数据仓库的好坏　　195

12.1 数据质量层面评估	**195**
12.1.1 数据质量问题产生的原因	195
12.1.2 数据质量评估方法	195
12.2 数据模型层面评估	**197**
12.2.1 数据模型问题产生的原因	197
12.2.2 数据模型评估方法	197
12.3 数据安全层面评估	**198**
12.3.1 数据安全问题产生的原因	198
12.3.2 数据安全评估方法	198
12.4 数据成本及性能层面评估	**199**
12.4.1 数据成本过高及性能过低的原因	199
12.4.2 数据成本及性能层面评估方法	199

第 13 章　数据价值　　201

13.1 抽象的数据能力架构	**201**
13.1.1 数据传输能力	201
13.1.2 数据计算能力	202
13.1.3 数据资产能力	202
13.1.4 数据算法能力	203
13.2 数据能力对数据价值的呈现	**204**
13.3 数据价值对业务的帮助	**205**
13.3.1 用户增长/经营性分析	205
13.3.2 数据质量/产出稳定	206

13.3.3	查数/用数提效	206
13.3.4	降低部门支出	206

展 望 篇

第 14 章　AIGC 对数据发展的影响　　209

- 14.1　数据与 AI 的关系　　209
- 14.2　网易 ChatBI 介绍　　209
- 14.3　网易 ChatBI 功能　　210
  - 14.3.1　需求理解能力　　210
  - 14.3.2　提供用户所需内容的预测能力　　210
  - 14.3.3　多轮对话能力　　211
  - 14.3.4　图表绘制能力　　211
  - 14.3.5　多端互通能力　　211
  - 14.3.6　过程可验证能力　　212
  - 14.3.7　用户可干预能力　　212
- 14.4　数据产品未来规划　　214
  - 14.4.1　网易 ChatBI 产品未来规划　　214
  - 14.4.2　其他数据产品未来规划　　214

基 础 篇

第 1 章

认识数据仓库

1.1 大数据在如今社会中的运用

如今的社会,早已经被大数据所充斥。在大数据起步那段时间,也称得上是大数据的启蒙时代,当时大家并不懂得什么是大数据,也不知道大数据到底能干什么,但大数据经过多年的发展,现在已经融入人们的日常生活了。大数据在当前社会中的运用主要有以下几点。

1. 网络购物

用户在平时购物时,经常会发现,搜索过的东西,后续会源源不断地被推荐给用户(不管是推荐页,还是消息推送),并且会将同品类的商品推荐给用户。

例如,搜索了一台索尼 PS5 游戏机,那么电商会推荐游戏光盘,以及同类型的 Switch 和 Xbox 游戏机。这就是一个非常典型的电商推荐场景,不管是对于商户还是用户都是一个双赢的局面。

2. 视频网站

最典型的案例,如抖音、快手、Bilibili,相信在读的读者基本使用过此类网站及应用。网站及应用会通过大数据,根据用户历史搜索和观看内容推测出用户喜欢哪一类的视频,并且不断地精准推送(当然其中也包含一部分心理学的东西,如蔡格尼克记忆效应等)。

3. 金融行业

金融行业是非常重要的一个分支,例如用户信用卡的使用,以及贷款的风控等。举个实际的例子,用户申请信用卡会给用户多少额度,利率多少,这些都是根据大数据的风控模型计算出来的。又例如防止信用卡盗刷,用户要在一段时间里判断出这一笔消费是否为盗刷,并且进行阻断,这也是大数据风控的功劳。

4．客运物流

这个场景不难理解，举个最典型的例子，京东物流和顺丰速运。买家在京东购买自营商品，能够在第 2 天送达，甚至上午下单下午送达。这背后不仅包含了快递员辛苦的汗水，更是复杂的大数据模型和大量的底层数据所支撑起来的成果。

5．卫生医疗

一款药物/医疗器械，从研发到上市，要进过非常多的实验和测试，同时需要保证这些实验和测试精准。为了更好更快地进行药物研发，就需要依靠大数据的支撑。同时医院等公共场所也在通过数据支撑对人流等数据进行分析以实现高效管理。

6．广告业务

当前网络流量庞大，但每家公司都想做到精准营销并找到属于自己流量池，最终转换为有效用户，这背后也需要用户标签及画像数据作为支撑。

7．人工智能

最近 AI 领域热度非常高，主要集中在大模型领域，主要有 OpenAI 的 ChatGPT 和百度研发的文心一言等，其使用了 Transformer 神经网络架构，这是一种用于处理序列数据的模型，拥有语言理解和文本生成能力，它会通过连接大量的语料库来训练模型，这些语料库包含了真实世界中的对话，使交互式 AI 也具备专业性，这背后也是海量数据的投入。

8．未来业务发展

随着互联网数据仓库建设已经足够完善，从 2023 年开始陆续有其他传统行业或者未进行数字化转型的部门都将开始数字化建设，相对于其他业务，其中人力资源业务、财务业务目前缺口较大，业务复杂，缺少对此业务深刻理解的数据分析及数据仓库人员。

1.2 大数据相关岗位介绍

1.2.1 数据仓库岗位介绍

这个岗位也是本书介绍的重点，可能很多人不清楚数据仓库具体是做什么内容的，为了方便理解，读者可将数据仓库理解为大型餐厅中的仓库及配菜。

（1）将数据从各类系统接入，如关系数据库、日志系统、客户端、服务器端等（就像把牛、羊从牧场买来，把菜从地里拔出来）简称数据提取（Extract）。

（2）对数据按照数据建模的方式进行清洗、转化（就像先把菜洗干净，将肉切好，然后放在不同的货架上）简称为数据转换（Transform）。

（3）最后把清洗转换好的数据交给下游的各个使用方，如算法、AI、数据应用、分析师等（把切好的肉和菜交给厨师去做菜，以供客人享用）简称为加载（Load）。

数据仓库在每个环节都可以做更细的划分，例如离线业务应用侧数据归属于数据资产及应用组，数据安全、效能小工具开发、数据质量等归属于数据基建组，实时数据开发归属于实时开发组，各项数据内容治理归属于数据治理组等。

1.2.2　数据平台岗位介绍

数据平台和数据仓库是什么关系，还是以餐厅举例子。数据仓库在上文已经提到是处理数据，那么数据平台就是那个做煤气灶台，接天然气管，造食品传送带，以及安装冷库的人。数据本身脏不脏（菜有没有洗干净），口径对不对（肉有没有按照厨师的要求切好），总体来讲和数据平台没关系。数据平台要保证的是，大数据集群不能宕机（厨房必须能够使用），调度系统不能崩溃（食品传送带不能坏），ETL 开发数据平台不能崩（灶台不能坏）。

同时在技能分工上，由于数据平台偏底层开发，所以更注重代码编写能力，可以分为 OLAP 开发、计算引擎开发、数据平台开发（偏向前端及后端）等。

1.2.3　数据分析岗位介绍

数据分析岗属于贴合业务侧岗位，数据分析要做的是从如此多的数据中，从多维度及多颗粒度下提炼出高价值的数据，通过内容可视化与分析报告（做各类菜品的加工，最终呈现给用户），辅助管理侧做出决策。由此可知，越是依靠数据的公司，越会注重数据仓库与数据分析的策略配合。

1.2.4　数据产品岗位介绍

数据产品分为两大类，即 B 端和 C 端。

ToB：既有对内支持（公司内部数据平台支持），也有对外支持（云产品服务），更偏向开发者及分析师，与数据平台开发形成配合以完成数据平台规划建设。

ToC：C 端平台更像是为用户提供查看高价值数据渠道的平台，C 端设计产品时要从使用数据者的角度出发辅助用户分析，使用户能够进行自助决策。

1.2.5 数据挖掘岗位介绍

数据挖掘(数据科学家)需要具备的素质包括算法、数据分析、市场应用、决策分析等能力。

一位数据挖掘工作者不仅擅长对数据的使用,也会从业务视角出发,洞察业务,知道什么样的数据或结果才具有参考性,能够根据现有数据去判断日后业务发展情况,做一些当前问题挖掘,发现可拓展的内容,让现有数据通过挖掘产生更多的价值。

1.3 大数据在企业中的组织架构

1.3.1 数据中台

数据中台是独立的部门,包含数据平台、数据产品、数据仓库团队,此建设部门的目的是帮助业务线完成数据建设,快速推进业务发展,最大化地提高工作效率。

(1)优点:数据中台部门内部会经常培训及相互进行技术沟通,对部门成员技术提升起到很大帮助作用,氛围好。

(2)缺点:离业务较远,部门自我认同感相对偏低,与业务方接触较难。

1.3.2 业务线数据

业务线数据也称为大前台数据,由业务线技术方单独开设数据团队,服务业务部门,提供数据支撑,业务线会单独配备数据仓库团队、数据分析师团队、数据产品团队。倘若有跨部门需求,统一走数据平台的审批权限即可。

(1)优点:更贴合业务线,能与业务方一起增长。

(2)缺点:缺少技术指导,技术能力提升会被限制。

1.4 数据仓库岗在大数据生态中的定位

1.4.1 数据仓库概念

数据仓库(Data Warehouse,DW)是提供所有类型数据支持的战略集合。它是单个数据存储，出于分析性报告和决策支持目的而创建，为需要业务智能的企业，提供指导业务流程改进、监视时间、成本、质量及控制。

数据仓库是决策支持系统和联机分析应用数据源的结构化数据环境，数据仓库主要研究和解决从数据库中获取信息的问题，数据仓库的特征在于面向主题、集成性、稳定性和时变性。

数据仓库是面向主题的（Subject Oriented）、集成的（Integrated）、相对稳定的（Non-Volatile）、反映历史变化（Time Variant）的数据集合，用于支持管理决策（Decision Making Support）。

1.4.2 数据仓库定位

数据仓库承接各类数据源，通过对数据源进行数据传输（采）及建设数据模型以沉淀数据资产（建），使用平台管理当前数据提供数据服务（管），让数据从不同场景下创造更多应用价值分析（用），实现业务需求，为数据分析、运营、风控等业务提供数据支撑。接下来讲述数据仓库的发展历程。

1.5 数据仓库发展史

1.5.1 数仓 1.0 传统数据仓库时代

在最早的时期，由于分布式架构还非常不成熟，同时也没有专门针对大量批处理的框架出现，业务简单且变化缓慢，所以最早的数据仓库基本上建设在关系数据库上，如 SQL Server、Oracle 等。后续逐步产生了如 Greenplum 这种数据仓库产品，但很快随着新的分布式架构崛起，Greenplum 逐步退出了历史舞台。

1.5.2 数仓 2.0 Hadoop 生态时代

到了 Hadoop 时代，如图 1-1 所示，HDFS 凭借其优秀的稳定性和高可用性，并且可以嵌入廉价的机器上，迅速席卷了整个大数据行业。这时，可以算是真正意义上开启了大数据时代。

不过这个时代的缺点依然明显，由于 Hadoop 生态全部开源，并且组件非常多，至今各个版本的兼容性也有很大的问题，所以在维护方面会消耗非常多的人力物力。同时，数据平台建设也基本基于开源或二次开发。

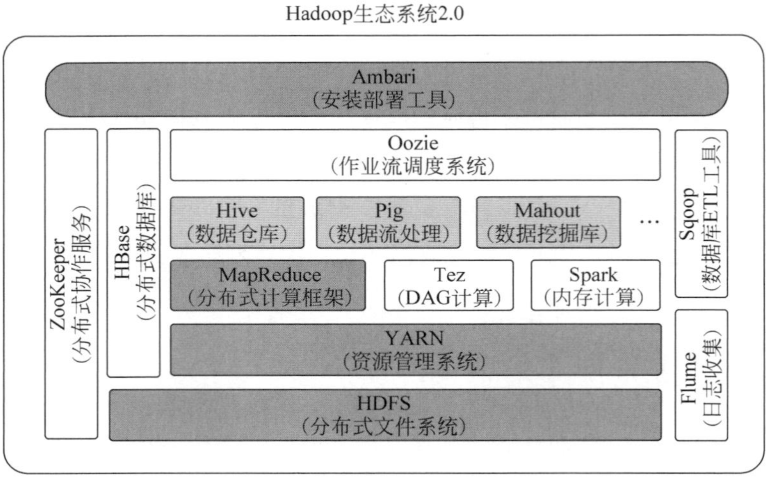

Hadoop 生态系统2.0

```
┌─────────────────────────────────────────────────────┐
│                      Ambari                         │
│                  (安装部署工具)                      │
│  ┌──┬──┬──────────────────────────────────┬──┬──┐   │
│  │Z │H │          Oozie                   │S │F │   │
│  │o │B │      (作业流调度系统)            │q │l │   │
│  │o │a │  ┌──────┬──────┬──────┐          │o │u │   │
│  │K │s │  │ Hive │ Pig  │Mahout│  …       │o │m │   │
│  │e │e │  │数据仓库│数据流│数据挖│          │p │e │   │
│  │e │  │  │      │处理  │掘库  │          │  │  │   │
│  │p │分 │  ├──────┴──┬───┴──┬───┤          │数 │日 │   │
│  │e │布 │  │MapReduce │ Tez  │Spark│         │据 │志 │   │
│  │r │式 │  │分布式计算 │DAG   │内存 │         │库 │收 │   │
│  │  │数 │  │  框架    │计算  │计算 │         │ETL│集 │   │
│  │分 │据 │  ├─────────┴──────┴────┤         │工 │  │   │
│  │布 │库 │  │        YARN         │         │具 │  │   │
│  │式 │  │  │    (资源管理系统)    │         │  │  │   │
│  │协 │  │  └─────────────────────┘         │  │  │   │
│  │作 │  │                                   │  │  │   │
│  │服 │  │         HDFS                      │  │  │   │
│  │务 │  │     (分布式文件系统)              │  │  │   │
│  └──┴──┴──────────────────────────────────┴──┴──┘   │
└─────────────────────────────────────────────────────┘
```

图 1-1　Hadoop 生态

1.5.3　数仓 3.0 云端及数据平台时代

云端及数据平台化时代，这是目前的主流大数据解决方案。典型的第三方服务商就是阿里云的 DataWorks 及网易 Easy Data。部分大型公司依然自己部署、维护、建设数据平台。目前服务器大部分已建立在云端，使底层的维护变得简单，同时有了类似阿里云 DataWorks 这种一体式解决方案，能够让很多中小型公司以较低的成本完成大数据的转型。

1.5.4　数仓 4.0 湖仓一体时代

湖仓一体产生的背景，主要是随着业务场景变得复杂，需求方对于数据的时效性要求越来越高，实时数据需求应运而生，部分场景甚至需要毫秒级的数据。

数据湖（Data Lake）像是自然状态下的巨大水体，汇聚不同数据源的溪流并存储，根据不同需求输出有价值的数据。既可以存储结构化数据，也可以存储非结构化数据；既可以接入离线批数据，也可以接入实时流数据；既可以支持流批计算引擎，也可以支持交互式分析引擎和机器学习引擎。

目前湖仓一体的技术选型及架构也较多，主流为 Hudi、Iceberg、Paimon 等。虽然当前基于云端与数据平台化的 Lambda 架构依然为主流，但湖仓一体是未来发展的趋势。

例如 Paimon 实时 CDC 入湖解决的问题，传统离线数据仓库需要维护全量分区表和增量分区表，而 Paimon 的 CDC 入湖提供了不同的解决方案，如图 1-2 所示。

具体步骤如下：

（1）创建一个无分区的主键表，流式写入 CDC 数据，更新其中的值。

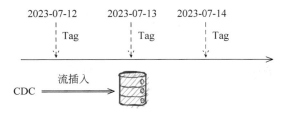

图 1-2　Paimon 的 CDC 入湖流程图

（2）最新数据可以被实时查询到。

（3）每天的离线视图可以通过 CREATE TAG 创建，Tag 是一个 Snapshot 的引用。

（4）甚至增量视图可以通过 INCREMTENTAL 视图获取（例如支持查询两个 TAG 的 DIFF）。

这个架构的主要好处如下：

（1）存储成本不高，基于 LSM 数据结构的特点，只要增量数据不大，两个 Tag 之间可以复用大量文件，某些场景下可以节省更多空间。

（2）计算成本不高，主要是实时 Upsert 写入的成本，部分场景相比于 Hive 节省 90%。

（3）数据新鲜度从小时级提升到分钟级，延时低，接近实时可见。

（4）离线表准备从小时级提升到分钟级，CREATE TAG 返回较快。

Paimon 不仅仅是一种解决 CDC 入湖的技术，它是一个真正的可以被 Streaming 使用的数据湖，例如解决近实时宽表问题，以及提供 Changelog 流读。

Paimon 提供了 Partial-Update 表类型，可以使用多个流作业来写入同一个 Paimon Partial-Update 表，更新不同的字段（甚至按照不同的版本来更新不同的字段），业务查询可以直接查询到打宽之后的全部列。

后续 Paimon 甚至希望提供外键打宽的能力，进一步增强 Flink 与 Paimon 的计算能力（近实时）。希望通过 Paimon 对 Join 的加强，解锁更多的离线数据仓库实时化场景，对实时来讲，不管是流计算还是 OLAP，Join 都是一个非常大的短板，这个短板值得流式数据湖深入探索。

1.6　数据仓库建设内容简介

在建设数据仓库之前，要了解数据仓库有哪些模块，同时也要熟悉对应的基建、资产、元数据等，下面将一一介绍。

1.6.1 数据仓库建设版图

数据仓库建设版图如图1-3所示,主要分为4大块,即数据基建、数据资产、数据服务、数据应用。在整个数据仓库的建设中,4个板块缺一不可。在公司建设初期,只需有数据应用和数据基建,但在业务发展到一定的阶段时需要将版图补充完整,这样才能保障数据能够支撑业务使用。

图1-3 数据仓库建设版图

1.6.2 数据基建简介

1. 离线技术

离线技术在目前应用已相当成熟,公司大部分的需求基于Hive+Spark的方式进行开发。同时,对应的数据开发平台也已经相当成熟。将这部分称为数据仓库的核心一点也不为过。

2. 实时技术

实时技术在这两年快速兴起。最早的实时工具是Storm,但很快被Spark Streaming所替代。又因为早期Spark Streaming是批处理,后续在国内的热度不及Flink,继而被Flink替代。Flink作为目前的主流实时开发框架,具有多种API、高可用、高稳定等特性,逐步成为主流。

3. 全链路保障

有了生产任务，没有数据质量保障和数据按时产出是不行的，因此需要全链路保障。其中，最核心的部分是与下游约定的数据交付（SLA）和数据质量监控（Data Quality Monitoring，DQC），SLA 主要保障产出时间和整个链路的基线，DQC 对任务执行过程和结果的准确性进行把控。

4. 数据安全

数据安全这个问题，已经不仅是一个公司需要着重关心的问题，而是全部行业都要重视的问题。例如，数据的采集、加工、输出、应用、权限、加密，每一环都需要关注安全，防止数据泄露问题发生。

5. 数据治理

数据治理包含了数据生命周期（从获取、使用到处置）内对其进行管理的所有原则性方法。涵盖确保数据安全、私有、准确、可用和易用所执行的所有操作，包括必须采取的行动、必须遵循的流程及在整个数据生命周期中为其提供支持的技术。

1.6.3 数据资产简介

数据资产是对业务数据的建设与沉淀，其中最重要的是数据化运营与场景化分析，通过对用户基础信息、行为信息等模块进行打标，完成数据模型建设，最终支持下游业务各个应用场景，达到易用、易管理的效果，数据资产包括各场景下用户标签数据资产（支持用户圈选和用户画像生成）、用户 360 数据资产（从用户全方位分析用户特质）、风险名单数据资产（通过风控策略配置拦截不良用户准入）。

1.6.4 数据服务简介

将数据通过平台及效能工具的方式为下游提供便捷操作，解决下游用数难及找数难的痛点，数据服务包括指标中心、标签画像平台、数据资产门户等。

1.6.5 数据应用简介

数据应用的范围很大，可以大致将其分为 4 类，包括 BI、风控、产品、算法，通过对数据进行深度加工，通过部分指标计算及组合或者标签对特定情景进行模型建设，为下游报表、看板、分析报告、产品、AB 实验、风险拦截等提供专题数据支撑。

1.7 数据仓库架构介绍

目前数据仓库架构一般采用以下 3 种架构：Lambda、HSAP、流批一体架构。下面将逐一进行介绍。

1.7.1 Lambda 架构

Lambda 架构为目前市面上主流的架构，如图 1-4 所示。Lambda 架构的主要优点是可以同时处理大量历史数据和实时数据；但缺点也同样明显，在于离线与实时层面重复建设，并且重复建设的问题基本无法完美解决。但作为数据仓库侧，最重要的是稳定，所以 Lambda 即便有重复建设的弊端，依然为业界主流架构。

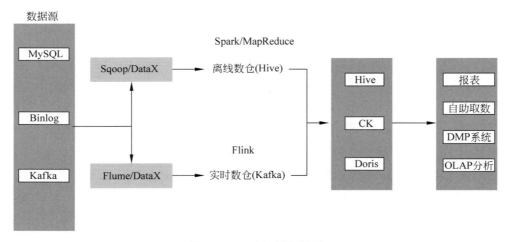

图 1-4　Lambda 架构版图

1.7.2 HSAP 架构

由于在大数据计算引擎中需要提供快速的离线实时一体化分析能力，因此 HSAP 架构应运而生，如图 1-5 所示。以阿里云 Hologres 为例，此类架构的好处是用 Hologres 作为统一的出口，对下游进行统一服务，使 Lambda 架构的两套逻辑以最终输出的方式得到统一，大幅减少了服务和应用的人力物力。

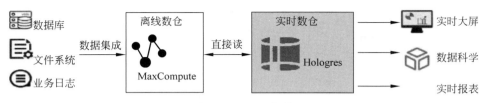

图 1-5　HSAP 架构

1.7.3　流批一体架构

流批一体架构是未来的趋势,如图 1-6 所示,它打破现有的离线及实时的现状,使流批两套任务能够基于一套计算和一套存储引擎实现,大幅降低了开发的成本,主流为 Iceberg、Hudi、Paimon 等,但由于稳定性及业务因素,故没有大规模推广。

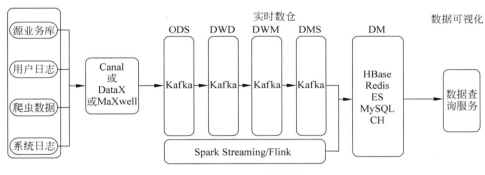

图 1-6　流批一体架构

1.7.4　Doris 架构

Doris 是一个基于 MPP 架构的高性能、实时的分析型数据库。MPP 也译为大规模并行处理数据库,是一种可以实现在多个独立的计算节点上分别执行相同的程序对不同的数据子集进行操作的数据库。Doris 主要具备如下特性。

(1) 并行:通过将一个大问题划分成多个小问题,并且每个小问题都能被单独解决,最后将各个小问题汇总起来得出答案。MPP 系统通过这种方式提高了查询性能。

(2) 分布式:在 MPP 数据库中,数据通常会被平均地分散在所有的节点上,每个节点管理一部分数据并负责处理与其所存储数据相关的查询请求。这样使计算尽可能地接近于数据,从而提高查询效率。

(3) 扩展性:当需要处理更多的数据或者想要获得更快的查询结果时,只需向系统内添加新的节点,新节点将自动具有数据分片及查询功能。

（4）容错性：由于数据被广泛地分布在许多节点中，因此如果一个节点发生故障，则其他节点仍然可以继续工作，整体上系统可用性较高。

（5）多数据源支持：外部数据导入支持，包括 HDFS、Kafka、Flink 及 Spark、JDBC 等；外部数据读取支持，包括 HDFS、Elasticsearch、ODBC 等。

Doris 架构包括 Frontend(FE)、Backend(BE)，如图 1-7 所示。

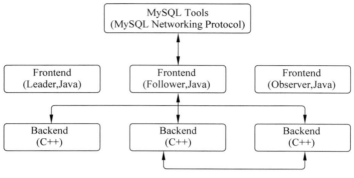

图 1-7　Doris 框架图

Frontend(FE)：主要负责用户请求的接入、查询解析规划、元数据的管理、节点管理相关工作。

Backend(BE)：主要负责数据存储、查询计划的执行。这两类进程都是可以横向扩展的，单集群可以支持到数百台机器，数十 PB 的存储容量，并且这两类进程通过一致性协议来保证服务的高可用和数据的高可靠。这种高度集成的架构设计极大地降低了一款分布式系统的运维成本。

选择 Doris 的核心原因在于能摆脱 Hadoop 复杂框架，实现轻量化离线及实时支撑，对于很多业务较轻量化且初创公司数据量小的场景，选择 Apache Doris 作为当前公司架构再适合不过了，如图 1-8 所示，更能贴合着业务支撑业务发展，没有较多复杂的组件需要去运维，脱离数据中台化，能够快速支撑下游业务以让业务快速迭代。

离线数据通过 Spark 进行清洗计算后在 Hive 中构建数据仓库，然后通过 Broker Load 将存储在 Hive 中的数据写入 Doris 中，参考部分公司需要迁移，可能暂时需要这样做，后续可以在 Doris 构建离线链路。

实时数据流通过消费 Kafka 中的数据并经过 Flink 简单计算后写入 Doris，如框架图所示，实时和离线数据统一在 Doris 进行分析处理，满足了数据应用的业务需求，实现了实时及离线一体的数据仓库架构。

数据传输方面选取 SeaTunnel（离线）及 Flink CDC（实时）作为数据集成工具。

调度方面选取 Dolphin Scheduler 作为调度工具，同时具备数据质量监控功能。

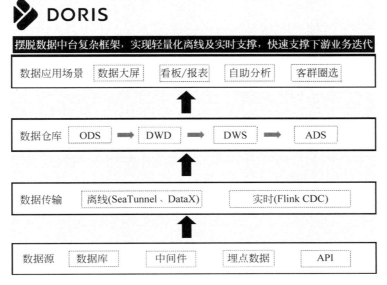

图 1-8 Doris 数据仓库框架图

1.8 数据仓库所使用的技术栈

在介绍完数据仓库中日常使用的架构后，继续介绍数据仓库使用的技术组件，方便读者理解。

（1）关系数据库（MySQL、Oracle 等）：将数据以结构化形式存储，即表格形式，包括行和列，支持事务，确保数据的可靠性和一致性，同时依靠主键、外键、唯一性约束确保数据准确性与一致性，通过灵活 SQL 查询处理数据操作。对于数据仓库来讲关系数据库是作为数据仓库上游数据源，方便将数据从关系数据库接入数据仓库中 ODS 存储（保持字段命名及字段类型一致），后续用于业务数据加工。

（2）中间件（Kafka、RocketMQ 等）：中间件提供了一系列功能和服务，以帮助不同的组件之间进行传输和交互。中间件充当了连接不同组件的桥梁，简化了开发和管理，对于数据仓库来讲中间件既可以成为上游数据源，亦可成为实时数据仓库中的流表，作为数据存放，起到了连接和协调不同组件的重要作用。

（3）OLAP（Doris、ClickHouse、Hologres 等）：联机分析处理系统，支持复杂的分析操作，侧重决策支持，支持标准的 SQL，丰富的聚合模型，以及亚秒级响应，并且提供直观易懂的查询结果,在数据仓库侧主要应用在可视化查看(可视化看板及报表快速展示)、自助分析(快速取数)、用于实时侧数据存放等。

(4) 元数据管理(DataHub、Ambari 等):元数据信息采集可通过开源组件对 Hive 元数据信息进行收集,以便后续存储在数据模型或 Elasticsearch 中,可以方便数据仓库开发者对元数据内容进行维护,使数据可观察。

(5) 计算引擎(Spark、Flink 等):Spark 是一种快速的、分布式的计算引擎,可以对大规模的数据集进行快速处理和分析,包括数据清洗、转换、聚合和统计等。Flink 是一种大规模、分布式流式数据处理引擎,常用于实时数据处理和分析,Flink 可以帮助进行实时数据的采集、处理和分析,帮助用户快速地响应数据变化。

(6) 任务调度及管理(Dolphin Scheduler 等):Dolphin Scheduler 是一个开源的分布式数据工作流调度系统,可以在数据仓库中用于管理和调度数据处理任务,为每个任务节点设置调度时间和依赖关系,同时具备任务监控、告警功能、权限管理等,从而提高工作效率和数据处理的准确性。

(7) 数据传输(SeaTunnel、DataX 等):SeaTunnel 是易用、高性能、支持实时流式和离线批处理的海量数据集成平台,具备数据源多样性,用于复杂同步场景。DataX 是一个开源的数据同步工具,实现异构数据库和文件系统之间的数据交换,数据传输过程在单进程内完成,全内存操作,采用 Framework 搭配 Plugin 架构构建,这些工具用于数据仓库日常对离线及实时数据进行传输。

(8) 存储库(HBase 等):HBase 是一个分布式、可扩展的列式数据库,适用于存储大规模的结构化数据,特别是具有高度可伸缩性和高吞吐量需求的数据仓库场景,以列式存储的方式组织数据,这使它能够高效地处理具有大量列的表,继承了 Hadoop 的高可靠性和容错性。数据在 HBase 中被分布存储在多个节点上,因此可以容忍节点故障,并提供数据的冗余备份。

第 2 章

数据仓库模型建设

2.1　OLTP 与 OLAP

数据仓库模型建设需要用到两种处理系统,接下来为大家分别介绍。

2.1.1　什么是 OLTP

联机事务处理系统(Online Transaction Processing,OLTP),主要执行基本日常的事务处理,记录某类业务事件的发生,当行为产生后,数据会以增、删、改的方式在数据库中对数据进行更新处理操作,要求实时性高、稳定性强、确保数据及时更新成功,例如数据库(MySQL、Oracle 等)记录的增、删、改操作。

2.1.2　什么是 OLAP

联机分析处理系统(Online Analytical Processing,OLAP),它将不同的业务数据集中到一起进行统一综合分析,根据业务分析需求对应地进行数据处理,并存储在数据仓库中,后续由数据仓库统一提供 OLAP 分析,支持复杂的分析操作,侧重决策支持,并且提供直观易懂的查询结果。

1. MOLAP

MOLAP 将 OLAP 分析所用到的多维数据以物理存储的形式形成立方体的结构(CUBE),更注重预计算,如图 2-1 所示。

组件 Kylin 的主要优缺点如下。

(1) 优点:支持离线数据规模大;支持标准 SQL,性能高,查询速度快。

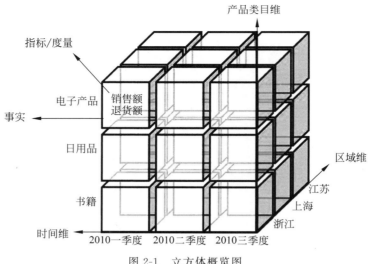

图 2-1 立方体概览图

(2) 缺点：不够灵活，无二级索引；需要 CUBE 参与计算，后期维护成本大。

组件 Druid 的主要优缺点如下。

(1) 优点：支持大规模数据；高性能，列存压缩，预聚合。

(2) 缺点：维度之间不能随意组合，不能自由查询；不支持 JOIN，SQL 支持很弱。

2．ROLAP

ROLAP 无须预计算，直接在构成多维数据模型的事实表和维度表上进行计算。

组件 ClickHouse 的主要优缺点如下。

(1) 优点：列式存储，通过数据引擎使数据存储本地化，以此来提高性能，具有单机版超高性能。

(2) 缺点：易用性较弱，SQL 语法不标准，不支持窗口函数等，JOIN 的支持不好，维护成本高。

组件 Impala/Presto 的主要优缺点如下。

(1) 优点：灵活性高，可随意查询数据；支持的计算数据规模大（非存储引擎）；易用性强，支持标准 SQL 及多表 JOIN 和窗口函数；处理方式简单，无须预处理，全部后处理，没有冗余数据。

(2) 缺点：当查询复杂度高且数据量大时，可能提供分钟级的响应。故建议单次查询数据量需要限制，同时其不是存储引擎，因此没有本地存储。

3．HOLAP

由于 MOLAP 和 ROLAP 有着各自的优点和缺点，为此一个新的 OLAP 结构——混合型OLAP(HOLAP)被提出,它能把MOLAP和ROLAP两种结构的优点结合起来。

组件Doris的主要优点如下:

(1) 支持高并发场景、秒级/毫秒级查询。

(2) 消费多源数据。

(3) 查询多源数据,屏蔽各数据源的不同语法。

(4) 支持Flink及Spark等流计算引擎读写。

(5) 提供OLAP分析能力,支撑实时大屏及用户画像等业务场景。

2.1.3 OLTP与OLAP的区别

OLTP与OLAP的区别见表2-1。

表2-1 OLTP与OLAP的区别

对比项	数据库系统(OLTP)	数据仓库系统(OLAP)
应用场景	面向应用、由事务驱动	面向主题、分析和决策
时效性要求	实时性高	对实时性要求不是特别高
数据检索和更新	数据检索量少,实时更新	数据检索量大,相对稳定
存储数据情况	只存储当前数据	存储大量的历史数据和当前数据
数据模型	以业务流程为参考	以业务主题为参考

2.2 数据仓库分层

数据仓库分层是指将数据仓库的架构按照不同的功能和业务需求进行分层的一种设计模式。常见的数据仓库为五层架构。五层架构包括数据源接入层(ODS层)、数据仓库层(DWD层、DWM、DWS层,部分公司会将这3层统称为CDM层)和数据应用层(ADS层)。数据源接入层负责从不同的数据源中抽取和清洗数据,数据仓库层负责将数据存储在数据仓库中,数据应用层负责将存储在数据仓库中的数据按照用户需求进行场景划分和呈现,故每层都有其存在的明确意义,不可缺失。

2.2.1 数据仓库分层原理

数据仓库分层原理如下。

(1) 数据结构清晰:清楚知道数据仓库每层对应的作用,方便在使用、查找时更好地进行定位。

（2）数据血缘追踪：清晰知道表或任务上下游，方便排查问题，知道下游哪个模块在使用，提升开发效率及方便后期维护。

（3）减少重复开发：完善数据仓库的中间层，减少后期不必要的开发，避免"烟囱式"开发，从而减少资源消耗，保障指标口径统一，并且唯一建设。

（4）把复杂问题简单化：将复杂任务拆解成多个步骤来完成，每分层完成单一步骤，当数据出现问题时，只需从问题起点开始修复。

2.2.2 数据仓库分层内容

按照数据分步处理方法，将数据仓库分为 5 层，包括数据接入层（Operational Data Store，ODS）、数据明细层（Data Warehouse Detail，DWD）、数据中间层（Data Warehouse Middle，DWM）、数据轻度汇总层（Data Warehouse Service，DWS）、数据应用层（Application Data Service，ADS），如图 2-2 所示。

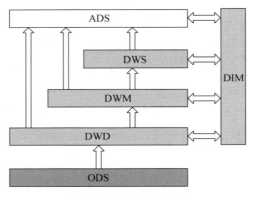

图 2-2　数据仓库分层图

（1）数据接入层是最接近数据源的一层，从数据源（API、数据库、中间件等）将数据同步到数据仓库中，中间不做任何处理操作，保留原始数据。

（2）数据仓库数据明细层对 ODS 层的数据进行关联、清洗、维度退化（将部分维度表中维度数据放入明细表中）、转换（将枚举值转换成内容）、数据域划分、颗粒度细分等操作。

（3）数据中间层是数据仓库中 DWD 层和 DWS 层之间的一个过渡层，用于对 DWD 层的生产数据进行中间处理，减少重复加工。

（4）数据轻度汇总层按照数据区域、颗粒度（例如买家、卖家）划分，按照周期粒度、维度聚合形成指标较多的宽表，用于提供后续的业务查询、数据应用、数据复用，最重要一点是需要在 DWS 层完成指标口径统一及沉淀。

（5）数据应用层按照应用域、颗粒度（例如买家、卖家）划分，按照应用主题将对应数据标签补充至应用层，最终形成用户画像及专题分析应用。

2.3 数据仓库模型介绍

数据模型是数据特征的抽象，通常包括数据结构、数据操作、数据约束。

（1）业务模型也称企业模型，它为企业提供一个框架结构，以确保企业的应用系统与企业经常改进的业务流程紧密匹配，它是从纯业务角度对企业进行业务建模，特指某业务的具体流程环节，例如客服业务-客服评价的数据模型。

（2）概念模型是对业务模型进行抽象处理，使其成为一个个业务概念实体，最常见的就是 E-R 模型，遵循三范式，与具体数据库系统无关，必须转换为逻辑或者物理数据模型才能在数据库系统中实现，概念模型就像是用 E-R 图记录整体概览，包括每步操作，像是大图展示。概念模型是对概念实体及实体之间的关系在关系数据库上的逻辑化。

（3）物理模型更多的是面向系统侧，因此与具体的数据库系统、操作系统及计算机硬件都相关，是逻辑数据模型在这个物理平台上的物理化，例如存储的元数据信息（表名、字段名、存储信息、路径等）。

2.4 数据仓库模型建设方法

2.4.1 三范式建模与维度建模介绍

三范式建模（3NF）按照第一范式每个属性都不可再分，第二范式非主字段都完全依赖于主键，第三范式非主键字段不能依赖于其他非主键字段建模。

维度建模（Kimball）是按照事实表、维度表来构建数据仓库模型的方法。根据维度表与事实表之间的连接方式，分为星型模型和雪花模型。

1. 星型模型

星型模型概念：因为数据的冗余，所以很多查询不需要外部连接，因此一般情况下效率比雪花模型高,设计与实现比较简单,因此常用于维度模型建设。

星型模型的主要特点如下:

(1)只需确定主键。

(2)不需要在外部进行连接,大大提高性能以实现高度并行化。

(3)容易理解,只需通过关联条件和血缘关系就能确定模型。

2.雪花模型

雪花模型的概念:由于去除了冗余,有些统计就需要通过表的连接才能产生,所以效率不一定有星型模型高,因此在冗余可以接受的前提下,在实际运用中星型模型使用更多,也更有效率。

雪花模型的主要特点如下:

(1)需要主外键来确立管理。

(2)雪花模型在维度表、事实表之间的连接很多,因此性能方面会比较低,不能并行化。

(3)过多的连接使开发和后期维护都增大难度。

3.星座模型

星座模型的概念:星座模型是由星型模型延伸而来的,星型模型是基于一张事实表,而星座模式是基于多张事实表的,并且共享维度表信息,这种模型往往应用于数据关系比星型模型和雪花模型更复杂的场合。星座模型需要多个事实表共享维度表,因而可以视为星型模型的集合,故亦被称为星系模型。

星座模型的主要特点如下:

(1)冗余少,但是架构复杂,难以实现。

(2)更适合复杂的应用程序。

2.4.2 三范式建模与维度建模区别

三范式建模与维度建模主要存在如下区别。

(1)应用场景不同:三范式建模一般用于业务系统OLTP场景;维度建模一般用于数据仓库建设过程中的OLAP场景。

(2)考虑角度不同:三范式建模严格遵循各范式内容,按照范式内容建模;维度建模按照多个维度进行分析,更多地按照星型模型建设。

(3)出发点不同:三范式建模考虑自上而下建模(这里的上指的是上游数据源,先拥有DW层再往上进行设计,瀑布模型,不易于后期扩展);维度建模考虑自下而上建模(这里的下指的是数据集市),先拥有数据集市来设计 DW 层,敏捷模型,易于扩展,易于后期维护及使用。

(4)模型精度不同:三范式建模由于没有分层概念,所以冗余低,数据精度高;维度建模由于数据仓库多层建设,导致冗余高,数据精度低。

2.5 数据模型建设的具体流程

2.5.1 数据模型设计的基本原则

数据模型设计的基本原则如下。

(1)高内聚低耦合:将业务相近和粒度相同的数据设计为一个逻辑或者物理模型,同时将高概率同时访问的数据放到一起,将低概率同时访问的数据分开存储。

(2)公共逻辑下沉:将公共处理内容放置于底层,以便进行处理,完成公共内容沉淀,提升复用效率。

(3)数据可回滚(幂等性):当回刷数据或补数据时能够回溯。

(4)规范一致性:统一模型开发规范,达到易懂易了解的效果。

(5)可扩展性:设计的模型具备可扩展性,能够满足未来业务指标/维度补充的需要。

(6)成本与性能平衡:设计的模型在日常开发、任务运行及存储方向具备低消耗、运行快、存储资源占用较少的特性。

2.5.2 数据模型设计过程

在数据模型设计过程中要遵循需求调研→数据域制定→总线矩阵→明确模型建设五要素及建设规范→模型设计→代码开发/测试→任务部署/数据初始化,如图 2-3 所示。

2.5.3 数据模型建设五要素

数据模型建设五要素为数据域、事实表类型、维度、颗粒度、度量值。

(1)数据域:从业务视角出发,对每个业务环节进行切割划分,通过数据表整合,完成域的设计。

(2)事实表类型:围绕着业务过程来设计,通过获取描述业务过程的度量来表达业务过程,包含引用的维度和与业务过程有关的度量。

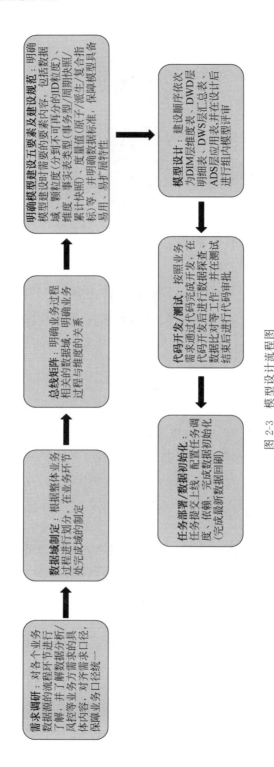

图 2-3 模型设计流程图

（3）维度：对当前场景进行描述，通过各方向内容对数据模型进行补充。

（4）颗粒度：在数据域下对用户内容再进行细致拆分（例如用户可拆分为买家或卖家），颗粒度必须拆分为不可拆分的状态（例如用户拆分为买家，买家不可拆分）。

（5）度量值：将数据域下数值类型的数据记录分为原子指标、派生指标、复合指标。

2.6 数据域与主题域

数据域从数据视角自下而上搭建，对每个业务环节进行切割划分，形成不同环节的数据集，组装为完整的业务流程，面向业务分析，对业务过程或者维度进行抽象，其中业务过程指企业活动中的事件，例如下单、退款、加购等，维度指度量的环境，常用于 DWD 及 DWS 层建设。

主题域从业务视角自上而下分析，从整体业务环节中升华出来大的专项分析模块，结合对接的业务范围和行业形态从更高的视角去洞察整个业务流程，常用于 ADS 层建设。这里举 3 个例子。

【例 2-1】 如金融产品（例如贷款、赊购等）业务，按照金融产品业务生命周期进行拆解，可以分为贷前（准入、授信等）、贷中（支用、还款等）、贷后（催收等），这里贷前、贷中的环节内容就是数据域。假如决策者想从更高角度（风控、营销活动分析）去看整个业务流程并从中得到一些专题分析内容，那么这里升华的部分就称为主题域。

【例 2-2】 假如现在的业务是做菜，那么数据域代表的是食材内容，一级域有肉类、蔬菜类等；二级域为肉的种类，例如牛肉、羊肉等。主题域是对这些食材进行加工，从而形成的内容，即一级域为各大菜系，如鲁菜、粤菜等，二级域可以是鱼香肉丝、回锅肉等。

【例 2-3】 这里举个某电商场景业务。

电商业务数据域示例，见表 2-2。

表 2-2 电商业务数据域示例

域 名	词根缩写	数 据 范 围
交易域	Trd	交易包括下单、支付、发货、退款及成果交易各个过程，同时还包括各类型交易
商品域	Itm	网站用户交易商品数据，包括类目、品牌等基础信息数据
日志域	Log	各种类型网站日志数据

电商业务主题域示例，见表 2-3。

表 2-3 电商业务主题域示例

域　名	词根缩写	数　据　范　围
营销活动域	Mkt	从各商品、用户颗粒度分析用户行为与商品销量等
风控域	Risk	从商家违规商品数据等对商家店铺进行管控

跨数据域情况：例如 DWS、ADS 层数据模型出现跨数据域（例如该模型既用于风控，又用于用户画像）情况，需要根据所跨的数据域再重新定义数据域。

2.7 事实表设计

2.7.1 事实表类型

事务型事实表对于单事务事实表，一个业务过程建立一个事实表，只反映一个业务过程；对于多事务事实表，在同一个事实表中反映多个业务过程。

累计快照事实表，对于类似于研究事件之间时间间隔的需求，采用累计快照事实表可以很好地解决问题，如统计买家下单到支付的时长、买家支付到卖家发货的时长等。

周期快照事实表在确定的时间间隔内对实体的度量进行抽样，用于研究一段时间内实体的度量值（例如近 30 天 pv、uv）。

2.7.2 三类事实表区别

事实表类型及区别见表 2-4。

表 2-4 事实表类型及区别

事　项	事务型事实表	累计快照事实表	周期快照事实表
时期/时间	离散事务时间点	用于时间跨度不确定的不断变化的工作流	以有规律的、可预测的间隔产生快照
日期维度	事务日期	相关业务过程涉及的多个日期	快照日期
颗粒度	每行代表实体的一个事务	每行代表一个实体的生命周期	每行代表某时间周期的一个实体
事实	事务事实	相关业务过程事实和时间间隔事实	累计事实
事实表载入	插入	插入与更新	插入
事实表更新	不更新	业务过程变更时更新	不更新

2.7.3 全量和增量

数据仓库开发者在设计数据模型时会因为数据量及数据时效性问题去划分全量及增量数据模型,以便进行开发。

全量数据(full,缩写词根为 f):对源数据全部覆盖,例如每天保存一份全部数据。

增量数据(increment,缩写词根为 i):对源数据进行分区式覆盖,并且每个分区中的数据内容不同,例如昨天存储 1000 条订单数据,今天存储 100 条订单数据。

2.7.4 拉链表

拉链表用于记录历史数据,即记录一个事物从开始一直到当前状态的所有变化的信息。拉链表有数据量大、表中部分内容会更新、每天保留一份全量数据、维度表的变化缓慢等特点。

拉链表(加行)的设计原理是为明细表添加两个字段,一个字段为拉链的开始日期(默认为用户数据出现的日期),另一个字段为拉链的结束日期(默认为 2099-12-31),当客户 A 的信息变更时添加一条新数据,新数据的拉链日期为更新日期,结束日期为 2099-12-31,而原来的结束日期为当天更新日期,拉链表(加行)展示内容,见表 2-5。

表 2-5 拉链表加行展示图

原来			
用户 ID	内容	拉链开始日期	拉链结束日期
A	运动	2022-09-14	2099-12-31
现在			
用户 ID	内容	拉链开始日期	拉链结束日期
A	运动	2022-09-14	2022-09-17
A	减肥	2022-09-17	2099-12-31

拉链表设计(加列)的设计原理是为明细表添加 4 个字段,一个字段为拉链的开始日期(默认为用户数据出现的日期),一个为拉链结束日期,一个为第 2 段拉链开始日期(默认 2099-12-31),一个为第 2 段拉链结束日期(默认 2099-12-31),当原数据更新时,原第 1 个拉链日期不变,第 1 个拉链结束日期为数据变更日期,第 2 个日期开始时间为数据更新时间,第 2 个结束日期不变,拉链表(加列)展示内容,见表 2-6。

表 2-6 拉链表加列展示图

原来					
用户 ID	内容	第 1 次拉链开始日期	第 1 次拉链结束日期	第 2 次拉链开始日期	第 2 次拉链结束日期
A	运动	2022-09-14	2099-12-31	2099-12-31	2099-12-31
现在					
用户 ID	内容	第 1 次拉链开始日期	第 1 次拉链结束日期	第 2 次拉链开始日期	第 2 次拉链结束日期
A	减肥	2022-09-14	2022-09-17	2022-09-17	2099-12-31

2.7.5 完整的数据模型内容案例

本节列举某电商数据仓库日增量数据模型的具体内容,以便帮助读者更好地理解数据模型建设,见表 2-7。

表 2-7 完整数据模型展示图

表名 dwd_trd_xx_order_di		
字 段 名	字 段 类 型	注 释
mord_id	bigint	父订单 ID
order_id	bigint	子订单 ID
create_time	string	子订单创建时间
pay_time	string	子订单支付时间
succ_time	string	子订单交易成功时间
gmt_modified	string	子订单修改时间
item_qty	bigint	购买数量
div_pay_amt	double	子订单分摊的费用
comm_fee	double	预估佣金金额
subsidy_fee	double	平台补贴佣金金额
item_fee	double	商品佣金金额
bop_item_fee	double	自主招商商品佣金金额
cate_1v1_id	bigint	下单日商品一级类目 ID
cate_1v1_name	string	下单日商品一级类目名称
cate_1v2_id	bigint	下单日商品二级类目 ID
cate_1v2_name	string	下单日商品二级类目名称
cate_id	bigint	商品子类目 ID
cate_name	string	下单日商品子类目名称
large_area_org_id	bigint	大区 ID
large_area_org_name	string	大区名称
county_org_id	bigint	县组织 ID
county_org_name	string	县组织名称

模型建设五要素如下。

(1) 业务过程：订单支付。

(2) 事实表类型：单事务事实表。

(3) 颗粒度：子订单 ID。

(4) 度量值：订单支付金额、佣金等。

(5) 维度：类目属性、会员属性、区域属性等。

2.8 数据标准介绍

2.8.1 数据模型命名规范

1. 接入层（ODS 层）

格式为 ods_{业务数据库名}_{业务数据模型名}（可以在结尾补充增量或全量情况，或者在元数据侧补充）。

2. 明细层（DWD 层）

格式为 dwd_{一级数据域}_{二级数据域}_{三级数据域}_{业务过程（不清楚或没有写 detail）}_存储策略（df/di,df 为全量数据，di 为增量数据）。

3. 汇总层（DWS 层）

格式为 dws_{一级数据域}_{二级数据域}_{三级数据域}_{颗粒度}（例如员工/部门）_{业务过程}_{周期粒度}（例如近 30 天写 30d、90 天写 3m）。

4. 应用层（ADS 层）

格式为 ads_{应用主题/应用场景}_{颗粒度}（例如买家/卖家）_{业务过程}_{调度周期}（例如 1 天调度一次写 1d）。

5. 维度表（DIM 表）

格式为 dim_{维度定义}_{更新周期(可不添加)}（例如日期写 date）。

6. 临时表（TMP 表）

格式为 tmp_{表名}_{临时表编号}。

7. 视图（VIEW）

格式为{表名}_view。

8. 备份表

格式为{表名}_bak。

2.8.2 数据模型命名词根

存储策略命名词根规范见表 2-8。

表 2-8 存储策略命名词根规范

词根	名称	词根	名称
df	日全量	mf	月全量
di	日增量	mi	月增量
hf	小时全量	wf	周全量
hi	小时增量	wi	周增量

颗粒度命名词根规范见表 2-9。

表 2-9 颗粒度命名词根规范

词根	名称	词根	名称
buyer	买家	emp	员工
seller	卖家	order	订单
user	用户		

统计周期命名词根规范见表 2-10。

表 2-10 统计周期命名词根规范

词根	名称
1d	近一天指标统计
1m	近一月指标统计
1y	近一年指标统计
3m	近三个月指标统计
6m	近六个月指标统计
nd	近 n 天指标统计（如果无法确定具体天,则可用 nd 替代）
td	历史累计

调度周期命名词根规范见表 2-11。

表 2-11 调度周期命名词根规范

词 根	名 称
1d	天调度
1m	月调度
1y	小时调度

2.8.3 字段命名规范

字段命名规范见表 2-12。

表 2-12 字段命名规范

字 段	规 范
是否为某类型用户,字段命名规范	is_{内容}
枚举值类型字段命名规范	xxx_type
时间戳类型字段命名规范	xxx_date,xxx_time
周期指标命名	{内容}_{时间描述}（如最近一次 lst1,最近两次 lst2,历史 his,最近第 2 次 last2nd_date）
百分比命名	{内容}_rate
数值类型(整型)命名	{内容}_cnt_{周期}（周期视情况添加）
数值类型(小数)金额命名	{内容}_amt_{周期}（周期视情况添加）

2.8.4 字段类型规范

字段类型规范见表 2-13。

表 2-13 字段类型规范

字 段	类 型
文本	String
日期	String
整数	Bigint
小数	高精度使用 Decimal,正常精度使用 Double
枚举值	单枚举-'Y'/'N'用 String,多枚举用 String
各类 ID	String

2.8.5 数据模型元数据规范

数据模型元数据规范如下：

（1）数据模型负责人（Owner）。

（2）数据模型中文名及使用说明。

(3)每个开发字段的中文名(中文名需要包含该字段内容,例如是否为某类型用户,需要写出包含内容(Y/N))。

(4)数据模型的颗粒度。

(5)数据模型的主键或联合主键。

2.8.6 数据模型分区生命周期

数据模型分区生命周期见表 2-14。

表 2-14 数据模型分区生命周期

数据模型分区	生命周期	数据模型分区	生命周期
ODS 层	1 年	ADS 层	10 年(部分可永久)
DWD 层	3 年	DIM 层	3 年
DWS 层	10 年(部分可永久)		

数据模型分区建议最多分为 2 级分区,超过 2 级分区会造成数据长周期存储问题,1 级分区为业务日期,2 级分区根据业务场景设置。

2.9 数据模型发展周期

在业务不断迭代的过程中,数据模型需要高效迭代,以便支撑业务,从设计点出发,这是每位数据仓库开发者都在思考的问题,这里可按照 4 个阶段去考虑数据模型建设周期,如图 2-4 所示。

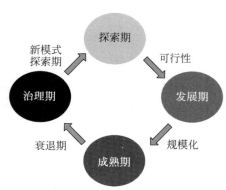

图 2-4 数据模型发展周期图

（1）探索期：业务变化快、数据需求杂、数据模型多次返工，以建设 DWD 层核心数据模型为主，以建设 ADS 层应用数据模型为辅。

（2）发展期：业务处于建设阶段，数据需求逐渐成体系，以建设 DWD 层为辅，以建设 DWS 为主，将公共指标、周期指标下沉，ADS 为主确定数据集市框架，建设核心应用场景。

（3）成熟期：数据模型趋于稳定，数据仓库与业务密切合作，从而形成体系化、常态化，以建设 DWD 层为辅，补充数据模型内容，以建设 DWS 为辅，丰富颗粒度和指标，ADS 层主要用于更深层次的专题分析。

（4）治理期：随着业务迭代变得缓慢，同时对数据仓库进行治理，将不再使用的数据模型及时下线。

2.10　数据模型分层新式方法

上述模型建设方法均为原有数据模型建设理论，近期发现了新式数据仓库模型建设方案，解决了 DWD 维度冗余、维度变化、事实拆解过细而导致数据域下数据模型难找难维护的情况。

新式方案将数据仓库分为 5 层，即 ODS、DWD、DWM、DWS、APP（原来的 ADS）。

（1）ODS 与源头数据依然保持一致。

（2）DWD 在这里有一些变化，即 DWD 不再做维度退化，可以将事实的 Code 字段转换为 Name 字段，并将 Code、Name 都沉淀进数据模型，同时对数据进行过滤，对每个事实进行具体拆分。在这里举个例子，招聘这个数据域包括岗位发布、简历收集、面试、招聘体验问卷、Offer、背调等流程，这里的事实只放其中一个环节的内容。

（3）DWM 会将 DWD 流程关联在一起，同时做统一的维度退化，保障了每个 DWD 事实表维度不再冗余，同时将全流程明细加工出来方便后续 DWS、APP 访问，同时从 DWM 开始为下游业务（数据分析、数据产品等）提供数据查询服务，让下游业务可以直接看到全流程内容，DWM 可以理解为全流程明细宽表。

（4）DWS 没变化，还是统一指标口径，放入业务需要的维度汇总（尽可能只放需要的维度），同时按照颗粒度、周期对指标进行汇总。

（5）APP 作为大宽表与小宽表模式，小宽表尽可能服务于一次性使用的看板或者专题分析，大宽表则可以继续引用 DWM 全流程明细表、DWS 指标汇总表，从而实现 APP 层大宽表可以支持多块业务。

基 建 篇

第 3 章

元数据

在数据仓库中,元数据是非常重要的一部分。它是描述数据仓库中所有数据和系统对象的信息,可以看作数据仓库的数据目录。本章将介绍元数据管理的基本概念、分类、建模和管理方法,以帮助读者全面掌握元数据管理的重要性和实现方法。

3.1 元数据定义及分类

本节将介绍元数据的定义与分类。

3.1.1 元数据定义

元数据是指描述数据或信息的数据,即关于数据的数据。它包含数据的内容、结构、来源、格式、规则、质量等各方面的信息。元数据可以用来支持数据仓库的各种活动,如数据的查询、报告、分析、集成等。

在互联网应用中,元数据的概念是非常重要的。元数据可以用来描述网页的内容、结构、标签和关系等信息,帮助搜索引擎更好地理解和索引网页内容。例如,网页的标题、关键词、描述、页面结构、链接等都属于网页的元数据。

在大数据分析、机器学习等领域中,元数据的概念也非常重要。通过对数据的元数据进行分析和挖掘,可以更好地理解数据的含义、特征和规律,从而更好地应用于实际场景中。因此,元数据管理对于互联网应用和数据分析都具有非常重要的意义。

3.1.2 元数据分类

在数据仓库中,元数据通常可按照技术元数据、业务元数据和管理元数据进行分类。

(1) 技术元数据:主要描述一个数据仓库或数据集群的技术参数和属性,例如数据库配置、数据字典、ETL流程、数据源、数据模型等。技术元数据关注于实现上的细节,包括数据存储、计算资源等方面。这类元数据对于开发人员非常重要,因为它们能够帮助开发人员确保仓库的正常运行,并且有助于维护、升级和扩展数据仓库。

(2)业务元数据:与业务相关的元数据。它们描述数据仓库中各个业务领域的术语、数据定义、数据逻辑、业务规则、指标等。业务元数据关注于业务应用层面,它们提供了各个业务领域的一致性和标准化,使不同的用户可以理解和使用数据,更好地满足业务需求。

(3)管理元数据:主要描述数据仓库中与数据处理和管理相关的信息,如ETL流程、数据加载时间、访问控制、数据质量检查等。管理元数据关注于数据仓库的实际操作过程,包括数据的提取、转换、加载和访问等方面。这类元数据对于维护人员和数据仓库管理员非常重要,因为它们有助于监控数据仓库的运行状况,确保数据质量,以及进行故障排查。

按照上述分类方式,元数据可以更好地进行组织、管理和使用。技术元数据、业务元数据和管理元数据的区分,有利于数据仓库开发人员了解其各方面的情况,从而更好地进行开发和维护。同时,这些元数据也为企业提供了一致的数据定义、规则和标准,以满足不同领域的业务需求。

3.2 元数据模型

元数据模型是一种将数据资产的元数据抽象成可视化的模型形式,以便更好地理解、管理和利用数据。在数据管理领域,元数据是描述数据的关键信息,包括数据的定义、结构、格式、用途、来源、业务规则和质量等方面。元数据模型可以帮助人们更好地了解数据资产中所包含的元数据的组织方式、结构和关系。

通常情况下,元数据模型可以通过多个级别进行组织。

(1)应用程序级别元数据:包括数据库架构、表、列、视图、索引、约束等内容,描述了应用程序中各个元素之间的关联和依赖关系。

(2)业务级别元数据:描述了产品、客户、供应商、交易等业务实体之间的关系,以及某个特定的业务场景数据服务。

(3)技术级别元数据:包括文件格式、数据字典、数据血缘、ETL流程、数据源、数据模型等,描述数据处理和存储的技术细节。

在元数据建模过程中,需要选择合适的工具和方法来创建、管理和维护元数据模型。例如,可以使用开源的DataHub来扩展和注释数据模型,也可以使用商业元数据管理软件

(例如网易 Easy Data 模型设计中心及数据资产地图)来建立和维护元数据模型。同时,元数据模型需要根据不同的应用场景、数据类型和业务需求进行适当调整和优化。

元数据建模可以分为确定元数据对象、确定元数据属性、确定元数据关系、创建元数据模型 4 个步骤。

3.2.1　确定元数据对象

元数据对象是指需要进行建模的元数据的实体。例如,数据库对象、文件对象、服务对象、ETL 对象、业务对象、元数据对象本身等都可以作为元数据对象。

(1) 数据库对象:在关系数据库中存储的表、视图、存储过程等。这些对象包括表名、列名、数据类型、键(主键、外键)、索引等信息。

(2) 文件对象:文件系统中的文件及分布式文件系统(如 Hadoop HDFS)中的文件。这些对象包括文件名、大小、格式、创建时间、修改时间等信息。

(3) 服务对象:提供数据访问服务的应用程序或 API。例如,REST API、SOAP 服务等。这些对象包括服务名、服务类型、输入参数、输出参数、调用方式等信息。

(4) ETL 对象:在数据仓库和数据湖中使用的 ETL 工具或流程。这些对象包括数据源、变换、加载操作、执行计划、数据映射等信息。

(5) 业务对象:描述业务需求和业务流程的元数据。这些对象包括业务规则、指标、报表等信息。

(6) 元数据对象本身:描述其他元数据对象的元数据。这些对象包括数据字典、元数据模型、元数据标准、元数据注释等信息。

在确定元数据对象时,需要根据组织的需求和实际情况进行选择。一般来讲,选择哪种类型的元数据对象取决于组织所管理的数据类型和数据存储方式。例如,在关系数据库中需要考虑表格和列属性,在文件系统中需要考虑文件名、目录结构和文件大小。同时,需要考虑这些对象与其他元数据对象之间的关联和依赖关系,以便更好地进行管理和利用。

3.2.2　确定元数据属性

元数据属性用于描述数据仓库中各种对象的特征,这些特征对于元数据管理至关重要。

1. 理解元数据属性的重要性

元数据属性的主要作用如下。

(1) 提高数据质量:通过对元数据属性的定义和管理,确保数据仓库中的数据具有一致性、完整性和准确性。

（2）方便数据检索：利用元数据属性快速定位和检索相关数据。

（3）支持数据仓库的扩展和维护：清晰的元数据属性定义有助于数据仓库在未来进行扩展和维护。

2. 确定元数据属性的过程

收集和定义元数据属性的步骤如下。

（1）识别关键对象：确定数据仓库中需要管理的关键对象，如数据模型、视图、存储过程等。

（2）搜集属性信息：收集关键对象的属性信息，包括技术元数据、业务元数据和操作元数据。

（3）验证属性定义：核对收集到的属性信息，确保其准确无误。

（4）维护属性信息：根据数据仓库的变化，对元数据属性进行更新和维护。

3. 实际案例分析

通过一个实际案例，将展示元数据属性。例如，在一个零售业数据仓库中，销售事实表可能包含以下元数据属性。

（1）技术元数据：表名（dwd_xxx_sale_detail_di）、列名（product_id, order_date, sale_cnt, sale_amt）、生命周期、数据类型。

（2）业务元数据：数据字典（product_id 对应产品名称，order_date 对应订单日期，sale_cnt 对应销售数量，sale_amt 对应销售收入）。

（3）操作元数据：数据加载时间（2023-05-01 08:00:00）、数据处理过程（任务 1 运行）、数据访问权限（销售部门）。

3.2.3 确定元数据关系

元数据关系是指元数据对象之间的联系和依赖关系。例如，表格和字段之间存在一对多关系，数据源和表格之间存在多对多关系等。

1. 元数据关系的重要性

元数据关系在元数据管理中起到关键作用。确定正确的关系的主要作用如下。

（1）提高数据仓库的效率：通过组织和管理元数据关系，实现数据仓库的优化查询和快速响应。

（2）优化数据分析：正确的元数据关系有助于用户更好地理解数据之间的关联，从而更好地支持数据分析。

（3）简化数据仓库维护：通过明确的元数据关系，有助于在数据仓库的维护和更新过程中避免错误。

2．元数据关系类型

元数据关系可以分为以下几类。

（1）一对一关系：一个实体的单个实例与另一个实体的单个实例相关联。

（2）一对多关系：一个实体的单个实例与另一个实体的多个实例相关联。

（3）多对多关系：一个实体的多个实例与另一个实体的多个实例相关联。

3．确定元数据关系的方法

确定元数据关系的技巧和建议如下。

（1）分析实体之间的关联性：了解不同实体之间的业务含义，从而确定它们之间的关系。

（2）确定层级结构：分析实体之间的层级关系，如事实表和维度表之间的关系。

（3）识别依赖性：找出实体之间的依赖关系，例如一个实体的数据来源于另一个实体。

4．实践案例分析

通过一个实际案例，将展示元数据关系如何确定。例如，在一个零售业数据仓库中，销售事实表与产品维度表、时间维度表和客户维度表之间的关系如下。

（1）一对多关系：产品维度表中的单个产品实例和销售事实表中的多个产品（product_id）相关联。

（2）一对一关系：销售事实表中的订单日期（order_date）与时间维度表中的单个日期实例相关联。

（3）多对多关系：销售事实表中的多个客户（customer_id）可能与客户维度表中的多个客户实例相关联。

3.2.4　创建元数据模型

在确定了元数据对象、属性和关系之后，就可以将其创建成元数据模型。元数据模型可以用来表示元数据对象之间的关系，以及元数据属性的详细信息。

1. 元数据模型的重要性

元数据模型对于元数据管理至关重要，主要原因有两点：

(1) 它提供了一个清晰的结构，有助于理解数据仓库中的实体、属性和关系。

(2) 它有助于提高数据仓库的可维护性和可扩展性，因为模型可以随着需求的变化而进行调整。

2. 元数据模型的组成

元数据模型的主要组成部分如下。

(1) 实体：表示数据仓库中的对象，如数据模型、视图等。

(2) 属性：表示实体的特征，如表名、列名等。

(3) 关系：表示实体之间的联系，如一对一、一对多等关系。

3. 创建元数据模型的方法

创建元数据模型的步骤如下。

(1) 选择合适的建模工具：根据需求和预算选择合适的建模工具，如 ERwin、PowerDesigner、网易 Easy Data 模型设计中心等。

(2) 定义实体和属性：根据数据仓库中的对象，创建实体并为其添加相应的属性。

(3) 创建关系：在实体之间建立适当的关系，如一对一、一对多和多对多关系。

(4) 验证和优化模型：检查模型的准确性和完整性，对可能存在的问题进行修正和优化。

(5) 文档化模型：为元数据模型编写文档，包括实体、属性和关系的定义，以便于理解和维护。

4. 实际案例分析

通过一个实际案例展示如何创建元数据模型。例如，在一个零售业数据仓库中，可以创建以下实体和关系。

(1) 创建实体：创建销售事实表、产品维度表、时间维度表和客户维度表等实体。

(2) 定义属性：为实体添加属性，如销售事实表中的 product_id、order_date、sale_cnt、sale_amt 等属性。

(3) 创建关系：在销售事实表与产品维度表、时间维度表和客户维度表之间建立适当的关系。

（4）验证和优化模型：检查模型的准确性和完整性，对可能存在的问题进行修正和优化。

（5）文档化模型：编写元数据模型文档，包括实体、属性和关系的定义，以便于理解和维护。

3.3 元数据管理

元数据管理是指对元数据进行有效组织、存储、维护和使用的过程。元数据管理包含以下几方面：

（1）元数据采集与收集。

（2）元数据存储。

（3）元数据维护。

（4）元数据使用。

3.3.1 元数据采集与收集

元数据采集与收集是数据仓库构建过程中非常重要的一环。在这个过程中，数据仓库开发者需要识别源系统中的元数据，并将其映射到数据仓库的元数据模型中，以便统一管理和维护。

首先，在元数据采集与收集之前，数据仓库开发者需要对源系统进行分析，以此来识别元数据。这个过程可以通过仔细观察源系统的数据库表、列及其他数据对象来实现。数据仓库开发者可以分析源系统的数据结构和内容，找出与数据仓库相关的元数据信息。这些信息可能包括表名、列名、数据类型、键值关系、数据来源、数据更新时间等。

一旦源系统中的元数据被识别出来，数据仓库开发者就需要将其映射到数据仓库的元数据模型中。数据仓库的元数据模型定义了数据仓库中的实体、属性和关系，并指导了数据仓库的开发和管理。通过对源系统中的元数据进行映射，数据仓库开发者可以将源系统的数据与数据仓库的模型对应起来，确保数据在数据仓库中的正确性。

为了提高元数据采集和收集的效率，可以使用工具或脚本来自动化地完成这个任务。这些工具可以根据预定义的规则和映射关系，自动地从源系统中提取元数据，并将其导入数据仓库中。这种自动化的方法不仅节省了时间和精力，而且还减少了人为错误发生的可能性。自动化采集和收集元数据可以快速且准确地完成这项任务，如图 3-1 所示。

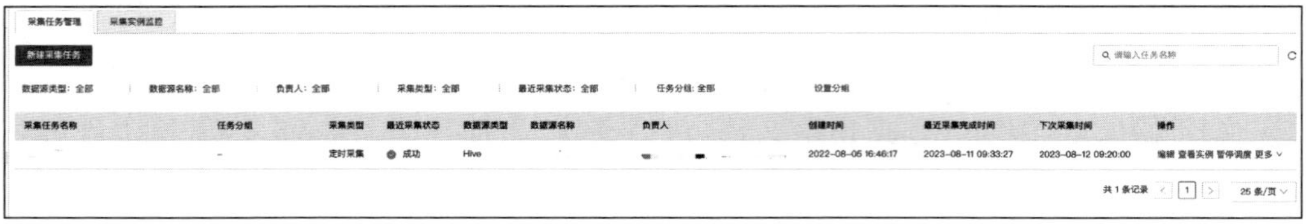

图 3-1　网易 Easy Data 元数据采集任务图

当进行元数据采集和收集时，还需要对元数据进行标准化。标准化元数据可以统一元数据的命名、格式和表示，使其更易于管理和使用。标准化可以包括统一的命名规范、格式规范和描述规范。通过标准化元数据，数据仓库开发者可以实现元数据的可维护性，从而提高数据仓库的管理效果。

在实际的元数据采集和收集过程中，还需要考虑一些具体问题。例如，在识别源系统中的元数据时，需要注意源系统的数据变化和更新，确保采集到的元数据是最新的。另外，源系统中的元数据可能分散在不同的地方，可能需要对不同的数据对象进行分析和识别。此外，还需要与源系统的开发团队合作，了解源系统的数据结构和业务逻辑，如图 3-2 所示。

图 3-2　网易 Easy Data 新建元数据采集任务范围图

最后,元数据采集和收集是数据仓库构建过程中非常重要的一步。通过识别源系统中的元数据,并将其映射到数据仓库的元数据模型中,可以统一管理和维护数据仓库的元数据,从而提高数据仓库的管理效果。自动化采集和收集元数据,以及对元数据进行标准化,可以进一步提高效率。要注意与源系统的开发团队合作,确保采集到的元数据的准确性,如图 3-3 所示。

图 3-3　网易 Easy Data 新建元数据采集任务设置图

除了可以借助如上的数据平台采集方案外,还可以通过三方工具 Apache Ambari、Apache Atlas 等对 Hive 元数据信息进行收集,以便后续存储在数据模型中。

3.3.2　元数据存储

元数据存储是指将采集和收集到的元数据保存在数据仓库中,并提供给用户访问和使用。元数据存储需要考虑数据的安全、完整和可用等方面,以保证元数据的有效管理和应用。

数据的安全是元数据存储中十分重要的一点,因为元数据中可能包含敏感信息,例如数据库表名、列名、数据类型等。为了确保元数据的安全,需要考虑以下几点。

首先,数据的传输要加密。在传输过程中使用安全的协议和加密算法,例如使用 SSL 或者 TLS,以保护元数据传输过程中的机密性。

其次,数据的存储要加密。在元数据存储时,可以使用加密算法对元数据进行加密,以防止非授权访问和泄露风险。

此外,还需要对元数据的访问进行权限控制,只有经过授权的用户才可以访问和修改元数据。可以设立不同的角色和权限,限制用户对元数据的操作。

数据的完整性也是元数据存储的一个关键方面。为了保证数据完整,需要监测和管理元数据的更新和修改过程。可以在元数据存储中设立日志记录，对元数据的修改进行审计，确保元数据的修改是经过授权和审批的。

另外，还可以设立元数据的审查和验证机制，对新增的元数据进行校验，以确保其准确和一致。

数据的可用性是元数据存储的一个重要考虑因素。元数据是数据仓库的基础，用户需要能够方便地访问和使用元数据，以支持数据仓库的开发和管理。为了提供便捷的访问方式，可以建立用户友好的界面和查询工具，使用户通过简单的操作便可查询和浏览元数据。

为了提高数据的可用性，还可以建立元数据的索引和关系图，方便用户查找和使用元数据。

在选择元数据存储策略时，需要考虑不同类型的元数据存储需求。根据元数据的特点和规模，可以选择合适的存储方式和技术。常见的元数据存储技术包括关系数据库、NoSQL 数据库和分布式存储系统等。

（1）关系数据库适用于结构化和复杂的元数据，可以提供强大的数据管理查询能力。

（2）NoSQL 数据库适用于大规模和非结构化的元数据，可以提供高容量和高并发的存储访问能力。

（3）分布式存储系统适用于分布式环境下的元数据存储，可以提供高可扩展性。

存储资源元数据及基础元数据模型 DDL 的代码如下：

```
-- 存储资源元数据及基础元数据模型 DDL
CREATE TABLE `xxx`.`dwd_meta_table_detail_df`(
  `cata_log` string COMMENT '集群 or 数据源',
  `db_name` string COMMENT '库名',
  `table_name` string COMMENT '表名',
  `join_name` string COMMENT '关联用 name',
  `layer` string COMMENT '分层',
  `creator` string COMMENT '表创建人 id',
  `creator_name` string COMMENT '表创建人姓名',
  `comments` string COMMENT '表描述',
  `table_update_time` string COMMENT '表同步时间',
  `tbl_type` string COMMENT '内部/外部/视图',
  `tbl_inputformat` string COMMENT '表的 inputformat',
  `tbl_outputformat` string COMMENT '表的 outputformat',
  `tbl_loc` string COMMENT '表的存储位置',
  `tbl_owner` string COMMENT '表的负责人：可选值为项目/用户',
  `file_total_fromfile` bigint COMMENT '文件总数：计算方法为根据表所在的路径的文件信息统计得到',
  `size_total_fromfile` double COMMENT '存储量：这里是逻辑存储量,未考虑副本,单位为 MB; 计算方法为根据表所在的路径的文件信息统计得到',
  `file_add_fromfile` bigint COMMENT '新增文件数:计算方法为昨天的文件总数 - 前天的文件总数',
  `size_add_fromfile` double COMMENT '(根据文件)新增存储量:单位为 MB, 计算方法为昨天的文件规模 - 前天的文件规模',
```

```sql
`open_total` bigint COMMENT '文件打开次数:计算方法为从底层取 open_add_all 字段',
`audit_total` bigint COMMENT '所有操作的执行次数:计算方法为从底层取 audit_add_all 字段',
`open_lasttime` string COMMENT '文件的最后打开时间:计算方法为底层取 open_lasttime_max 字段',
`audit_lasttime` string COMMENT '文件的最后操作时间:计算方法为底层取 audit_lasttime_max 字段',
`tbl_create_time` string COMMENT '创建时间',
`tbl_creator` string COMMENT '文件的创建人',
`partition_tbl` string COMMENT '是否是分区表',
`tbl_ref_num` bigint COMMENT 'job,query 引用的 job 个数(注意开发模式和任务模式的 job 算两个)',
`tbl_visit_num` bigint COMMENT 'job,query 的访问次数',
`account_id` string COMMENT '项目 ID',
`catalog_id` string COMMENT 'catalog_id',
`catalog_name` string COMMENT 'catalog_name',
`catalog_type` string COMMENT 'catalog_type',
`refer_count` bigint COMMENT '引用次数(元数据中心)',
`read_count` bigint COMMENT '读取次数(元数据中心)',
`storage_type` string COMMENT '存储格式',
`lzo_compressed` string COMMENT '是否是 lzo 压缩',
`impala_sync` string COMMENT 'impala 同步情况',
`last_modified_time` bigint COMMENT '变更时间',
`transient_last_ddl_time` bigint COMMENT '表变更时间',
`lifecycle` string COMMENT '表生命周期',
`partition_lifecycle` string COMMENT '分区生命周期',
`themedomain` string COMMENT '主题域',
`domainlevel` string COMMENT '表分层',
`changetimes` bigint COMMENT '修改次数',
`cpu_cost` double COMMENT 'CPU 消耗',
`memory_cost` double COMMENT '内存消耗',
`file_average_size` double COMMENT '文件平均大小',
`file_add_fromfile_30` bigint COMMENT '30 天新增文件数',
`size_add_fromfile_30` double COMMENT '30 天新增存储量',
`open_total_30` bigint COMMENT '30 天文件打开数',
`cpu_budget` double COMMENT 'CPU 元',
`memory_budget` double COMMENT 'memory 元',
`storage_budget` double COMMENT 'storage 元',
`offline` string COMMENT '是否下线',
`unvistied` string COMMENT '30 天无访问',
`tbl_owner_email` string COMMENT '表 owner email',
`changetimes_30` bigint COMMENT '',
`file_open_num_lastscancycle_sum` bigint COMMENT '最近扫描周期内文件累计打开次数',
`tbl_ref_num_lastscancycle_average` double COMMENT '最近扫描周期内表平均引用 job 次数',
`tbl_visit_num_lastscancycle_sum` bigint COMMENT '最近扫描周期内表累计被访问次数',
`file_open_num` bigint COMMENT '当天的文件打开次数',
`themedomainsw` string COMMENT '主题域(英文)',
`domainlevelsw` string COMMENT '表分层(英文)',
`tbl_write_num` bigint COMMENT '当天表 write 次数',
`tbl_write_num_all` bigint COMMENT '累计的表 write 次数',
```

```
  `tbl_write_num_lastscancycle_sum` bigint COMMENT '最近一个扫描周期累计的表 write 次数',
  `offline_level` bigint COMMENT '表推荐下线级别为 0:不推荐;1:弱推荐;2:强推荐',
  `hot_reserve` string COMMENT '数据温热保留时间',
  `delete_dir` string COMMENT '数据处理策略',
  `last_scan_cycle_new_storage_size` double COMMENT '最近一个扫描周期的表新增存储量',
  `last_scan_cycle_new_file_num` bigint COMMENT '最近一个扫描周期的表新增文件数',
  `tbl_last_scan_cycle_change_num` bigint COMMENT '最近一个扫描周期的表修改次数',
  `reference_tbl_num` bigint COMMENT '被表引用次数',
  `non_standard_path_num` bigint COMMENT '不规范路径的分区数量',
  `has_lifecycle` string COMMENT '是否已设置生命周期',
  `has_owner` string COMMENT '是否有负责人',
  `warm_size_total_from_file` double COMMENT '温集群文件大小',
  `par_num` bigint COMMENT '分区数量',
  `little_file_count` bigint COMMENT '小文件数量',
  `little_file_par_num` bigint COMMENT '小文件分区数量',
  `offline_whitelist` string COMMENT '是否加入推荐下线白名单',
  `lifecycle_whitelist` string COMMENT '是否加入生命周期永久保存',
  `lifecycle_ticket_status` bigint COMMENT '生命周期永久保存审批状态,0:正常;1:审批中',
  `offline_ticket_status` bigint COMMENT '下线白名单审批状态,0:正常;1:审批中',
  `cold_reserve` string COMMENT '冷备保留天数',
  `pg_id` bigint COMMENT '项目组 ID',
  `file_merge_status` bigint COMMENT '小文件合并状态:0:为开启;1:开启',
  `zorder_columns` string COMMENT '表 z-order 属性关联的字段',
  `reserve_par_num` string COMMENT '生命周期保留分区数')
```

计算资源元数据及任务元数据模型 DDL 的代码如下：

```
-- 计算资源元数据及任务元数据模型 DDL
CREATE TABLE `xxx`.`dwd_meta_calculate_detail_df`(
  `product` string COMMENT '来源 no_scheduler,azkaban,selfQuery',
  `queue` string COMMENT '队列',
  `task_name` string COMMENT '任务标识(具有全局唯一特性)名称',
  `task_id` string COMMENT 'task_id',
  `task_alias_name` string COMMENT '任务显示名称',
  `task_type` string COMMENT '任务类型',
  `flow_name` string COMMENT '流标识名称',
  `flow_alias_name` string COMMENT '流显示名称',
  `job_name` string COMMENT 'job 名称',
  `job_type` string COMMENT 'job 类型',
  `instance_id` string COMMENT '实例 ID',
  `total_duration` double COMMENT '整体耗时,计算方法为(结束执行时间-开始执行时间)',
  `exec_duration` double COMMENT '执行耗时,计算方法为所有 appid 最晚减去最早的时间;物理含义为 YARN 上等待和执行的时长',
  `period` string COMMENT '调度周期:az 此字段有效\;',
  `schedule_exec_time` string COMMENT '计划执行时间,节点的计划执行时间是继承流的计划执行时间',
  `start_exec_time` string COMMENT '开始执行时间',
  `end_exec_time` string COMMENT '结束执行时间',
```

```
`yarn_start_exec_time` string COMMENT 'YARN 开始执行时间',
`yarn_end_exec_time` string COMMENT 'YARN 结束执行时间',
`task_owner` string COMMENT '任务负责人',
`yarn_app_num` bigint COMMENT 'YARN App 个数',
`submitter` string COMMENT '任务提交人',
`releaser` string COMMENT '调度设置人',
`cpu_cost` double COMMENT 'CPU 消耗',
`memory_cost` double COMMENT '内存消耗',
`budget` double COMMENT '成本',
`source` string COMMENT '来源：调度器/no_scheduler',
`exec_type` string COMMENT '执行方式',
`submitter_email` string COMMENT '任务提交人邮箱',
`releaser_email` string COMMENT '调度设置人邮箱',
`task_owner_email` string COMMENT '任务负责人邮箱',
`task_info_fullname` string COMMENT '联合字段',
`update_time` string COMMENT '更新时间',
`create_time` string COMMENT '任务调度创建时间',
`job_state` string COMMENT 'job 状态',
`spark_version` string COMMENT 'Spark 版本')
```

3.3.3 元数据维护

元数据维护是指对元数据进行管理和维护，以确保元数据的准确、完整、一致和时效。在数据仓库和数据管理系统中，元数据是非常重要的资源，它描述了数据的结构、属性、关系和来源等信息，提供了对数据的理解和应用的基础。因此，对元数据的维护工作非常关键，它涉及数据的质量和可信度，对于数据仓库的运行和管理具有重要影响。

元数据维护工作包括元数据更新、元数据修复、元数据审核及版本控制等。

（1）元数据更新是元数据维护的重要工作之一。随着业务需求和数据源的变化，元数据需要得到及时更新，以确保其准确和实时。更新的内容包括新增元数据、修改元数据及删除不再使用的元数据。元数据更新可以通过人工方式进行，也可以借助自动化工具和技术实现。例如，当新增数据源时，需要添加相应的元数据描述；当属性发生变化时，需要对元数据进行修改；当数据源不再使用时，需要删除相应的元数据。

（2）元数据修复是元数据维护的另一个重要方面。在数据仓库和数据管理系统中，可能存在元数据错误、冗余、不一致等问题，这会影响对数据的理解和应用，因此，当发现元数据错误或不一致时，需要及时进行修复和纠正。修复的方式可以包括手动修复、批量修复及自动修复等。在修复元数据的过程中，需要进行相关的数据校验和检查，确保修复后的元数据是准确的和一致的。

（3）元数据审核是元数据维护的重要环节之一。定期对元数据进行审核可以检查其准确性、完整性和一致性，发现并修复存在的问题。审核元数据可以通过比对元数据与实际数据的一致性、参考相关规范和标准及借助数据质量工具和技术等方式来实现。审核元数据的结果需要及时反馈给相关人员，并进行相应修复和优化。

（4）版本控制是元数据维护的一个重要工作内容。随着元数据的更新和修改，需要进行版本控制，以便追踪元数据的发展和演变。版本控制可以记录元数据的变更历史，包括新增、修改和删除等操作，方便追溯和回滚。版本控制可以通过元数据管理工具、源代码管理系统及版本控制工具和技术来实现。

3.3.4 元数据使用

元数据使用是指在数据仓库中充分利用元数据进行各种活动，如数据查询、报告、分析、集成等，以满足用户的需求和实现更加精准和有效的数据服务。当考虑元数据使用时，以下几点需要予以重视。

（1）需要充分了解用户的需求和目的。由于不同用户可能有不同的数据需求，因此在使用元数据时，应该深入理解用户的背景、目标和预期结果。这样可以确保所提供的元数据服务能够准确地满足用户的需求，并为他们的工作提供有价值的支持。

（2）数据查询和检索是元数据使用中的重要环节。为了方便用户查找和获取所需的元数据信息，需要提供高效且易于使用的查询和检索方式。这可以基于关键词、属性过滤、数据分类和标签等多种查询方式，以及直观明了的搜索界面和结果展示形式。通过简化查询流程和提供快速响应，用户可以更轻松地获得所需的元数据信息。

（3）数据可视化和报告是元数据使用的重要补充。通过利用元数据生成可视化报告和分析结果，可以帮助用户更好地理解和利用数据。这可以包括图表、图形化指标和趋势分析等，以形象生动的方式展示数据的关联性和变化趋势。通过清晰而直观的可视化呈现，用户可以快速地洞察数据中的模式和见解，从而更好地支持决策和满足业务需求。

元数据使用还涉及数据集成和共享。数据仓库往往包含来自不同数据源和系统的数据，因此通过元数据实现数据的集成和共享是至关重要的。这可以通过建立统一的元数据模型和标准化的数据映射来实现，以确保各种数据能够被准确地识别、访问和利用。通过促进数据的集成和共享，元数据使用可以提高数据的利用率和价值，并为数据驱动的决策和业务流程提供有力支持。

此外，元数据使用还应考虑数据治理和质量监控。元数据可以作为数据治理活动的基础，用于监控和管理数据质量。通过定义和维护相关的元数据属性和规则，可以对数据进行质量评估和监测，并及时采取纠正措施。这有助于确保数据仓库中的数据质量和一致性，并为用户提供可信赖的数据资源。

3.4 元数据管理工具

为了更好地管理元数据并提供相关服务,通常会使用一些元数据管理工具。元数据管理工具通常提供以下功能。

(1) 元数据采集和收集:可以自动识别和抽取源系统中的元数据,将其导入数据仓库中进行统一管理。这些工具通常支持多种数据源和格式,如关系数据库、文件系统、API等,以满足不同场景的元数据采集需求。

(2) 元数据存储和维护:提供专用的存储空间和数据结构,用于存储和维护元数据。这些工具可以确保元数据的安全性、完整性和可用性,同时提供版本控制、权限管理等功能,以支持更高效的元数据维护。

(3) 元数据查询和分析:提供强大的查询和分析功能,允许用户通过关键字、属性、关系等条件来搜索和筛选元数据。此外,这些工具还提供数据可视化功能,帮助用户更直观地理解元数据的结构和关系。

(4) 元数据质量管理和审核:支持数据质量管理和审核功能,可以自动检测元数据的准确性、完整性和一致性,发现并修复潜在的问题。通过定期的元数据质量审核,可以确保数据仓库中的元数据始终保持高质量。

(5) 元数据血缘分析和影响分析:可以实现元数据的血缘分析和影响分析,帮助用户追踪数据的来源和变更过程,了解数据的依赖关系。这对于数据治理、数据质量管理和变更管理等活动具有重要意义。

常用的元数据管理工具包括网易 Easy Data 数据资产地图、阿里云 DataWorks 数据地图、DataHub、Collibra、Alation 等。

(1) 网易 Easy Data 数据资产地图:数据资产地图基于元数据提供各类数据检索、数据血缘、数据资产目录、元数据采集和管理、元数据详情查看等功能,旨在帮助用户更加方便快捷地找数据、用数据,如图 3-4 和图 3-5 所示。

(2) 阿里云 DataWorks 数据地图:数据地图是在元数据的基础上提供的企业数据目录管理模块,涵盖全局数据检索、元数据详情查看、数据预览、数据血缘和数据类目管理等功能。数据地图可以帮助使用者更好地查找、理解和使用数据。

(3) DataHub:开源数据中心,DataHub 提供了可扩展的元数据管理平台,可以满足数据发现、数据可观察与治理。这也极大地解决了数据复杂性的问题。

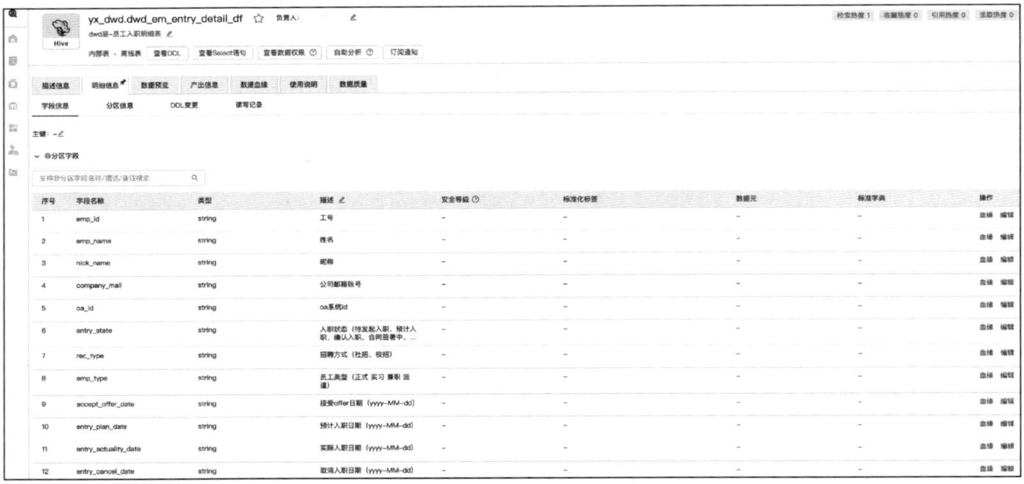

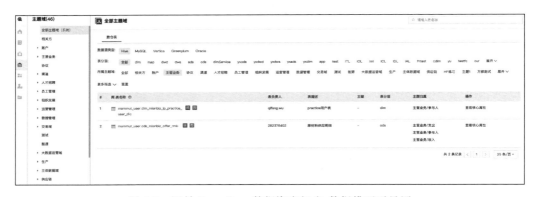

图 3-4　网易 Easy Data 数据资产门户展示图

图 3-5　网易 Easy Data 数据资产门户-数据模型引导图

（4）Collibra：一款专注于数据治理和元数据管理的工具，提供元数据收集、存储、查询、分析和血缘追踪等功能，以及丰富的数据治理和质量管理功能。

（5）Alation：一款以数据目录为核心的元数据管理工具，Alation 可以自动识别和抽取元数据，提供便捷的元数据查询、分析和可视化功能。同时，Alation 支持数据血缘分析和影响分析，帮助用户更好地了解数据的来源和依赖关系。

在选择元数据管理工具时，主要需要考虑以下几点。

（1）兼容性：确保所选工具与现有的数据仓库、数据源和技术架构兼容。

（2）扩展性：选择具有良好扩展性的工具，以满足未来数据仓库规模和业务需求的增长。

（3）易用性：选择操作简便、易于上手的工具，以降低学习成本和使用难度。

（4）定制性：选择可以根据组织特点和需求进行定制的工具，以提高元数据管理的效果。

3.5 数据血缘

3.5.1 数据血缘功能

数据血缘用来展示数据模型之间的链路关系,包含数据模型的来源、加工方式、映射关系及数据模型去向,清晰知道表与任务上下游,方便排查问题,知道下游哪个模块在使用,提升开发效率及后期管理维护。

3.5.2 数据血缘类型

1. 表血缘

数据模型血缘是指数据模型之间的关系,包括数据模型之间的依赖关系、数据模型之间的引用关系及数据模型之间的衍生关系。通过表血缘关系,可以追踪数据在不同表之间的流动,确保数据的准确性和完整性,并且能够提高数据管理的效率和可靠性。表血缘关系是数据血缘分析的重要内容之一,如图 3-6 所示。

图 3-6　数据模型血缘展示图

表血缘数据模型 DDL 的代码如下:

```
-- 表血缘数据模型 DDL
CREATE TABLE `xxx`.`dwd_meta_table_lineage_detail_df`(
  `join_table_name` string COMMENT '关联用表名',
  `table_layer` string COMMENT '表分层',
  `relation_table_id` string COMMENT '血缘表 ID',
  `relation_type` bigint COMMENT '血缘类型: -1- 上游; 1- 下游',
```

```
  `relation_cata_log` string COMMENT '血缘集群 or 数据源',
  `relation_db_name` string COMMENT '血缘库名',
  `relation_table_name` string COMMENT '血缘表名',
  `relation_layer` string COMMENT '血缘分层',
  `lineage_update_time` string COMMENT '血缘同步时间',
  `relation_join_name` string COMMENT '血缘表关联用表名,库名.表名')
```

2．字段血缘

字段血缘是指数据中不同字段之间的关联和依赖关系。在一个数据系统中，字段血缘关系可以帮助数据仓库开发者了解数据的来源、转换和使用情况，以及数据间的传递路径，如图 3-7 所示。

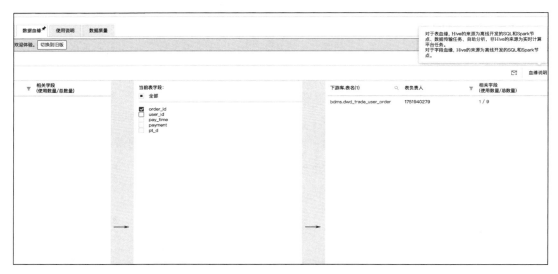

图 3-7　网易 Easy Data 字段血缘展示图

字段血缘关系有助于数据管理和数据质量控制。通过分析字段的血缘关系，可以追踪数据的变化过程，找到数据质量问题的根源，识别数据间的依赖关系，从而更好地管理和维护数据。

字段血缘关系还可以用于数据治理和合规性方面。通过了解数据的血缘关系，可以追溯数据的来源和使用情况，确保数据的合规性和安全性。

3．活跃血缘

对于离线开发场景，活跃血缘指的是线上调度产出的血缘，并且调度持续生效；对于实时开发的场景，活跃血缘指的是数据由实时计算平台定时推送，并且推送时刻为运行状态。

4. 静默血缘

对于离线开发场景，静默血缘指的是未来可能不会更新或即将失效的血缘，包括开发模式运行、线上调度已运行过但是已取消调度、线上模式严重逾期执行、自助分析运行 SQL 等；对于实时开发场景，静默血缘指的是数据由实时计算平台定时推送，并且推送时刻为未运行状态。

第 4 章

数据指标体系

4.1 数据指标概念

数据指标是用来衡量、评估和描述数据的特征、性能或关系的度量标准,数据指标是数据仓库中用于度量业务活动和绩效的关键数据元素。它们通常包含数值型数据,如销售额、利润率、客户满意度等,用于反映企业的运营状况、市场份额和竞争优势。

1. 数据指标的重要性

数据指标在企业中的应用具有重要意义,数据指标可以帮助企业量化业务活动和绩效,为管理层提供有力的决策依据;通过跟踪数据指标的变化,企业可以实时监控业务状况,以及时发现问题并采取措施;通过对比数据指标与预设目标,企业可以评估各部门和个人的工作绩效;分析数据指标可以帮助企业发现市场趋势和潜在机会,进而制定相应的策略。

2. 数据指标的特性

优秀的数据指标应该简洁明了,便于企业员工理解其含义和价值;数据指标应具备可度量性,能够量化反映业务活动和绩效;数据指标需要与企业战略目标和业务需求紧密相关;数据指标应具备一定的可比较性,以便企业在不同的时间、部门或项目之间进行对比;优秀的数据指标应能反映企业可控制或影响的业务因素,从而指导企业采取改进措施。

3. 数据指标的选择原则

在确定数据指标时,选择与企业战略目标和业务需求相匹配的数据指标;确保数据指标可以全面反映企业的运营状况和绩效;尽量避免过多的数据指标,以减轻管理负担并提高决策效率；选择能够反映实时业务状况的数据指标，以便企业及时调整策略和行动；数据指标需要具备可持续性，以支持企业长期发展和持续改进。

4.2 数据指标分类

数据指标可以根据其用途、计算方法、时间范围等因素进行分类，常见的分类方法如下。

（1）按用途分类：战略指标、运营指标、分析指标。
（2）按计算方法分类：原子指标、派生指标、复合指标。
（3）按时间范围分类：瞬时指标、累计指标、趋势指标。

4.2.1 按用途分类

战略指标：战略指标关注企业的长期目标和整体表现，如市场份额、品牌知名度等。这些指标通常与企业战略层面的决策相关，对企业的整体竞争力和发展方向具有重要指导意义。

【例4-1】 一家电商平台想要了解其在市场中的竞争地位，可以计算市场份额（公司销售额/整个市场销售额）。市场份额可以反映该公司在整个行业中的相对地位，从而评估其竞争优势。

代码如下：

```sql
SELECT SUM(company_sales) / SUM(market_sales) AS market_share
FROM sales_data;
```

运营指标：运营指标关注企业的日常运营活动和绩效，如生产效率、客户满意度等。这些指标通常用于评估和监控企业的运营状况，为业务部门提供改进和优化的依据。

分析指标：市场份额反映了公司在整个市场中的竞争地位，如果市场份额增加，则表明公司的竞争优势提升；如果市场份额降低，则可能意味着竞争对手正在蚕食公司的市场份额，需要关注并采取措施应对。

【例4-2】 一家汽车制造商想要评估其生产线的效率，可以计算生产效率（生产的汽车数量/生产用时）。生产效率指标有助于分析生产过程中的瓶颈和低效环节，从而优化生产流程。

代码如下：

```
SELECT COUNT(produced_cars) / SUM(production_time) AS production_efficiency
FROM production_data;
```

（1）指标分析：生产效率反映了生产线的运作效果，如果生产效率提高，则说明生产流程得到优化，生产成本可能降低；如果生产效率下降，则可能存在瓶颈环节或者生产设备故障，需要调查原因并进行改进。

（2）分析指标：分析指标关注企业的数据挖掘和分析成果，如用户画像、消费行为分析等。这些指标通常用于支持企业的数据驱动决策，为企业发现潜在机会和市场趋势提供依据。

【例 4-3】 一家电商平台想要了解其目标客户群体，可以通过数据挖掘和分析构建用户画像（包括年龄、性别、购买习惯等特征）。用户画像有助于企业更准确地定位目标市场，优化营销策略。

代码如下：

```
SELECT age, gender, AVG(purchase_frequency) as purchase_frequency
FROM user_data
GROUP BY age, gender;
```

指标分析：通过构建用户画像，企业可以深入地了解目标客户群体的特征和需求，为产品设计和营销策略提供依据。不同年龄、性别的用户可能有不同的购买习惯，因此需要有针对性地进行产品推广和服务优化。

4.2.2 按计算方法分类

原子指标是基于业务过程的度量值，顾名思义是不可以再进行拆分的指标，基本指标是直接从原始数据中获取的指标，如下单总金额等。这些指标通常简单易懂，能够直接反映企业的某个业务方面，但原子指标并不会落地在数据仓库汇总层中，可以通过虚拟方式展示，定义为不可拆分且存在指标的定义，可根据指标加周期及修饰词得到派生指标。

【例 4-4】 如果想要从一笔订单中了解该订单花费数据的详情情况，则可以从原子指标中查询。

代码如下：

```
SELECT sum(price)
FROM dwd_xx_detail_di;
```

派生指标：基于原子指标、时间周期和维度，圈定业务统计范围并分析获取业务统计指标的数值，派生指标＝原子指标＋业务限定＋统计周期＋维度的组合（统计粒度），如交易金额的完成值、计划值、累计值等。

【例 4-5】 一家零售平台想要评估其盈利能力,可以计算 GMV。GMV 能够反映企业在销售过程中的水平,从而评估其经营效益。

代码如下:

```
SELECT SUM(CASE WHEN pay_channel = 'alipay'
     AND area_name = '杭州'
        THEN price
ELSE 0
END
)
    FROM dwd_xx_detail_di;
```

复合指标:复合指标是指建立在基础指标之上,通过一定运算规则形成的计算指标集合,如平均用户交易额、资产负债率、同比、环比、占比等。

【例 4-6】 一家在线教育平台想要评估其课程退单占比情况,可以计算退单率。

代码如下:

```
SELECT SUM(CASE WHEN return = 1
    THEN 1
ELSE 0
END
)
        / COUNT( * )
    FROM dwd_xx_detail_di;
```

指标分析:综合评分能够全面地反映课程的优劣,较低的退单率表示课程质量较好,可能受到学员的青睐。

4.2.3 按时间范围分类

瞬时指标是指在某一特定时刻观测到的指标,如实时在线用户数、当前库存量等。这些指标通常用于监控企业的实时运营状况和发现突发问题。

【例 4-7】 一个游戏公司想要监控其游戏服务器的负载情况,可以观测实时在线用户数。实时在线用户数能够反映服务器的实时负载和用户活跃度,有助于发现潜在的性能瓶颈和故障问题。

代码如下:

```
SELECT COUNT( * ) AS current_online_users
FROM user_status
WHERE status = 'online';
```

（1）指标分析：实时在线用户数能够反映服务器的实时负载和用户活跃度。如果实时在线用户数过高，则可能出现服务器性能瓶颈问题，需要关注并优化；如果实时在线用户数下降，则可能意味着用户活跃度降低，需要分析原因并采取措施以提高用户黏性。

（2）累计指标：累计指标是在一定时间范围内累积的指标，如月销售额、季度新增客户数等。这些指标通常用于评估企业的历史绩效和发展趋势。

【例 4-8】 一家超市想要评估其月度经营状况，可以计算月销售额（一个月内各商品销售额之和）。月销售额有助于了解企业在一定时间内的收入水平，反映其业务发展趋势。

代码如下：

```
SELECT SUM(price * quantity) AS monthly_sales
FROM order_details
WHERE order_String BETWEEN '2023-05-01' AND '2023-05-31';
```

（1）指标分析：月销售额有助于了解企业在一定时间内的收入水平。如果月销售额呈上升趋势，则说明企业的业务发展良好；如果月销售额呈下滑趋势，则需要关注市场需求变化、竞争态势等因素，分析原因并采取措施改善。

（2）趋势指标：趋势指标是用于反映企业业务变化趋势的指标，如同比增长率、环比增长率等。这些指标通常用于分析企业的发展态势和市场趋势，帮助企业预测未来的业务发展和制定相应的战略。

【例 4-9】 一家家居用品制造商想要分析其产品的市场表现，可以计算同比增长率（本年销售额与去年同期销售额的比率）。同比增长率可以反映企业业务在相同时间段的增长趋势，有助于预测未来的市场需求和制定相应的战略。

代码如下：

```
-- 趋势指标代码
WITH last_year_sales AS (
    SELECT SUM(price * quantity) AS last_year_sales
    FROM order_details
    WHERE order_String BETWEEN '2022-05-01' AND '2022-05-31'
), this_year_sales AS (
    SELECT SUM(price * quantity) AS this_year_sales
    FROM order_details
    WHERE order_String BETWEEN '2023-05-01' AND '2023-05-31'
)
SELECT (this_year_sales - last_year_sales) / last_year_sales * 100 AS yoy_growth_rate
FROM last_year_sales, this_year_sales;
```

指标分析：同比增长率可以反映企业业务在相同时间段的增长趋势。较高的同比增长率表明公司的业务表现优秀，可能具有市场竞争优势；较低甚至负的同比增长率，则需要关注市场需求变化、竞争对手情况等因素，分析原因并采取相应的调整战略。

建表语句如下：

```sql
-- 指标分析代码
-- 创建 sales_data 表
CREATE TABLE sales_data (
    company_sales DECIMAL(10,2),
    market_sales DECIMAL(10,2)
);

-- 创建 production_data 表
CREATE TABLE production_data (
    produced_cars INT,
    production_time DECIMAL(10,2)
);

-- 创建 user_data 表
CREATE TABLE user_data (
    user_id INT,
    age INT,
    gender String,
    purchase_frequency DECIMAL(10,2)
);

-- 创建 financial_data 表
CREATE TABLE financial_data (
    profit DECIMAL(10,2),
    sales DECIMAL(10,2)
);

-- 创建 course_evaluation_data 表
CREATE TABLE course_evaluation_data (
    course_id INT,
    content_score DECIMAL(10,2),
    teacher_score DECIMAL(10,2),
    student_feedback_score DECIMAL(10,2)
);

-- 创建 user_status 表
CREATE TABLE user_status (
    user_id INT,
    status String
);

-- 创建 order_details 表
CREATE TABLE order_details (
    order_id INT,
    order_date String,
```

```
    price DECIMAL(10,2),
    quantity INT
);
```

模拟数据如下：

```
-- 模拟数据导入代码
-- 向 sales_data 表插入数据
INSERT INTO sales_data (company_sales, market_sales)
VALUES (50000, 200000);

-- 向 production_data 表插入数据
INSERT INTO production_data (produced_cars, production_time)
VALUES (100, 50);

-- 向 user_data 表插入数据
INSERT INTO user_data (user_id, age, gender, purchase_frequency)
VALUES (1, 25, 'Male', 3),
       (2, 30, 'Female', 2);

-- 向 financial_data 表插入数据
INSERT INTO financial_data (profit, sales)
VALUES (10000, 50000);

-- 向 course_evaluation_data 表插入数据
INSERT INTO course_evaluation_data (course_id, content_score, teacher_score, student_feedback_score)
VALUES (1, 4, 4.5, 4.7),
       (2, 3.5, 4, 4);

-- 向 user_status 表插入数据
INSERT INTO user_status (user_id, status)
VALUES (1, 'online'),
       (2, 'offline');

-- 向 order_details 表插入数据
INSERT INTO order_details (order_id, order_date, price, quantity)
VALUES (1, '2023-05-01', 100, 1),
       (2, '2023-05-02', 200, 2),
       (3, '2022-05-01', 150, 2);
```

通过对数据指标分类进行详细分析，读者可以更清晰地了解不同类型的数据指标的特点和应用场景。在实际工作中，企业可以根据自身的业务需求和目标，选择合适的数据指标进行度量和分析，从而更好地指导决策和优化业务。

4.3 数据指标设计

在设计数据指标时,数据仓库开发者需要根据企业的战略目标和业务需求,确定需要度量的业务维度和关键指标;根据数据指标的性质和计算要求,选择合适的数据模型和计算公式;为了确保数据指标在整个企业范围内的一致性和可比性,需要统一定义、计算和报告方法;设计数据指标时,要关注其在实际业务中的可用性和易用性,避免设计过度复杂和难以理解的指标。

4.3.1 明确目标

明确目标是数据指标设计的第 1 步。企业应该根据自身的战略目标和业务需求来选择关键指标。这一过程需要与企业的领导层和业务部门进行深入沟通,以确保数据指标的选择能够反映企业的核心业务和战略方向。明确目标还可以帮助企业确定数据分析的优先级和关注点,从而实现资源的有效分配和利用。

例如,一个电商公司可能关注订单量、销售额、客户满意度等指标,而一个制造企业可能关注产量、生产效率、质量合格率等指标。对于一个在线教育公司,其战略目标可能是提高课程质量、增加学员数量和提高学员满意度,因此,在设计数据指标时,可以关注以下几方面:课程完成率、学员活跃度、课程评分等。这些指标将有助于企业更好地了解自身的业务状况,以便调整策略和提高竞争力。

4.3.2 选择方法

选择合适的数据模型和计算公式是数据指标设计的关键环节。在这一过程中,需要充分了解各类指标的计算方法和适用场景,数据指标的计算公式应简单易懂,以便于不同层级和角色的用户理解和使用。以便为企业度量业务绩效提供最恰当的方法。同时,应尽量避免过于复杂的计算方法,以降低实施难度和维护成本。

星型模型和雪花模型是多维数据模型中常见的两种,它们用于组织和分析以事实为中心的数据。

(1) 星型模型是一种常见的多维数据模型,由一个事实表和几个维度表组成。事实表包含与业务相关的数值型数据,如销售量、价格等,而维度表则包含描述数据上下文的维度,如时间、地理位置等。所有的维度表都与事实表通过主键关联。星型模型简单易懂,适合小型或中型企业使用。由于存在大量的冗余数据,因此星型模型在存储和维护方面需要更多的开销。

(2)雪花模型是一种基于星型模型的扩展版本。与星型模型类似,它也采用了事实表和维度表的概念,但在维度表之间增加了多级层次结构。这些层次结构形成了一个树状结构,其中每个节点对应一个维度表,因此,雪花模型相当于对星型模型中的冗余数据进行了优化,使数据更规范化、更紧凑。由于新增的层次结构导致查询变得更加复杂,因此雪花模型在维护过程中需要额外的开销。

4.3.3 确保一致性

为了确保数据指标在整个企业范围内的一致性,需要统一定义、计算和报告方法。这包括建立统一的数据字典、数据模型和数据仓库,以及规范数据抽取、清洗、转换和加载的流程。通过这些数据处理手段,可以确保不同部门和业务系统之间的数据指标具有相同的含义和计算逻辑,避免数据孤岛和信息不一致的问题。

企业应该建立一个包含所有数据元素和指标定义的数据字典,以及一个清晰明确的数据模型,规定每个数据元素的来源、计算方式、数据类型、单位等信息。这样可以避免不同部门或系统对同一数据元素使用不同名称或定义,导致数据混淆。

企业应该将所有数据整合到同一个地方,并且采用一致的 ETL(抽取、转换和加载)流程,以确保数据的质量和准确性。此外,还需制定规范的数据加工流程,确保数据在处理过程中的一致性。

为了确保数据指标与企业战略和业务需求的一致性,企业需要定期审核现有指标并根据实际情况进行调整和优化。同时,还需引入新的指标以适应市场变化和企业发展。

企业需要制定相应的数据管理政策和流程,明确数据的责任方和管理权限,以及数据访问和共享的机制。此外,还需建立数据安全和隐私保护措施,防止数据泄露和滥用。

为了确保所有员工都能理解和遵守企业的数据管理规范,需要定期进行相关培训和沟通,以便各部门之间达成共识。

例如,在一个零售企业中,为确保销售指标的一致性,可以采取以下措施:

(1)建立统一的销售数据字典和数据模型,定义每个指标的计算方式、数据来源和单位等信息。

(2)建立包含所有销售数据的数据仓库,并制定清晰的 ETL 流程,确保数据准确无误地进行存储和处理。

(3)定期审核和更新销售指标,根据实际情况对现有指标进行调整和优化,同时引入新的指标以适应市场变化和企业发展。

（4）制定销售数据管理政策和流程，明确每个部门的数据责任和管理权限，以及数据访问和共享的机制。

（5）进行销售数据管理的培训和沟通，使所有员工都能够理解和遵守销售数据管理规范。

（6）企业还应当定期地对数据指标进行审核和更新，以确保其与企业战略和业务需求的一致性，包括对现有指标的调整和优化，以及引入新的指标以适应市场变化和企业发展。

4.3.4 词根分类

时间相关词根见表 4-1。

表 4-1 时间相关词根

词 根 名	表 示 信 息
Date（日期）	表示时间的具体日期，用来衡量事件或流程发生的时间
Time（时间）	表示时间的具体时刻，用于衡量不同时间点的指标值
Week（星期）	表示一周的具体时间段，用于衡量周度信息
Month（月份）	表示一个月份的时间段，用于衡量月度信息
Quarter（季度）	表示季度时间段，用于衡量季度信息
Year（年份）	表示年份时间段，用于衡量年度信息

维度相关词根见表 4-2。

表 4-2 维度相关词根

词 根 名	表 示 信 息
Customer（客户）	表示客户 ID、客户类型、客户行业等客户信息，用于衡量客户相关指标
Product（产品）	表示产品名称、型号、类别等产品信息，用于衡量产品相关指标
Geography（地理位置）	表示不同地区、城市、国家等地理信息，用于衡量地域相关指标
Channel（渠道）	表示销售渠道、营销渠道等，用于衡量渠道相关指标

4.4 数据指标的应用场景

数据指标在企业中的应用主要将数据指标整合到报表中，为企业提供定期的业务分析和汇报；通过数据可视化技术，将数据指标以图表、仪表盘等形式展示，提高数据的易理解性和决策效率；利用数据挖掘技术，从数据指标中发现潜在的规律和关联，为企业提供更深入的洞察和预测；通过对数据指标的跟踪和监控，评估企业的业务绩效，发现问题并采取相应的改进措施。

4.4.1 数据明细报表

通过将数据指标整合到报表中，可以为企业提供定期的业务分析和汇报。这包括生成日报、周报、月报等不同周期的报表，以及针对不同领域和主题的报表，如销售报表、财务报表、市场报表等。数据报表可以帮助企业管理者了解企业的运营状况和发展趋势，从而制定更有针对性的策略和措施。

例如，一家电商企业想了解每日销售情况，需要生成日报。该企业使用数据仓库中的订单、商品和用户数据，计算出每日销售额、订单量、成交量等指标，并通过透视表和图表展示数据。这些指标可以帮助企业发现销售高峰期和低谷期，以便更好地管理库存和资源。此外，财务部门需要每季度报告财务状况。该企业集成会计系统的数据，计算财务指标，如营收、成本、利润等，并制作财务报表送至管理层。

4.4.2 数据可视化图

通过大数据可视化技术，将数据指标以图表、仪表盘等形式展示，提高数据的易理解性和决策效率。数据可视化可以帮助企业更直观地展现数据，更容易发现数据中的规律和问题。应用可视化工具，如网易有数、Quick BI、Tableau、Power BI、帆软报表等，可以快速地创建各种类型的图表，包括柱状图、折线图、饼图、热力图等，以满足不同业务场景的需求。

例如，一家零售企业想要更直观地展示各个区域商品销售情况。该企业使用大数据分析平台，将销售数据导入网易有数工具中，创建互动式热力图。该热力图展示了各个区域的销售情况，颜色鲜艳的区域代表销售量较高，反之则代表销售情况不如人意。通过这张图表，该企业能够快速地了解各个区域内的商品销售情况，以便优化货源和库存管理。

4.4.3 数据挖掘

利用数据挖掘技术，从数据指标中发现潜在的规律和关联，为企业提供更深入的洞察和预测。数据挖掘包括关联分析、聚类分析、分类分析、预测分析等方法，可以帮助企业挖掘数据背后的价值，发现潜在的机会和风险。通过数据挖掘，企业可以优化营销策略、提高客户满意度、降低成本等。

例如，一家公有云企业想要预测其客户购买金融产品的可能性。该企业使用机器学习算法，对客户数据进行相关性分析和分类分析，并发现一些有趣的规律。例如，该企业发现客户的婚姻状况、年收入、教育程度等因素与其购买理财产品的可能性有较大关联。基于这些规律,该企业可以为不同类型的客户提供特定的营销策略,提高销售转化率和客户满意度。

4.4.4 指标监控

通过对数据指标的跟踪和监控,可以评估企业的业务绩效,发现问题并采取相应的改进措施。指标监控包括设定目标、度量绩效、分析偏差、调整策略等环节,可以帮助企业确保其战略目标的实现和持续改进。

(1) 设定目标是指企业制定明确的、可衡量的、可达到的战略目标。在设定目标时,企业应该根据自身的实际情况和市场需求,制定短期和长期目标,并制定相应的 KPI(关键绩效指标)来监测其实现情况。

(2) 度量绩效是指通过收集和分析数据来评估企业达成目标的程度。为了度量绩效,企业需要选择关键绩效指标,并采用相应的度量方法和工具来收集和分析数据。通过度量绩效,企业可及时发现问题和机会,并及时调整策略以实现其目标。

(3) 分析偏差是指对实际表现与目标之间的差异进行分析和解释。分析偏差有助于帮助企业理解问题的根本原因,并制定相应的措施来解决问题。在分析偏差的过程中,企业需要比较实际数据和目标数据,查找原因并提出改进意见。

(4) 调整策略是指根据分析结果和经验教训,对企业的战略目标和行动计划进行适当调整。企业需要及时采取措施,改变业务流程或产品策略,以便更好地实现其目标。通过不断地调整策略,企业可以更快地适应市场变化,以便满足客户需求。

例如一家物流型企业想要跟踪其生产线的仓储、提运、调拨、计划、停机时间、合格率等指标,以便提高生产效率和质量。该企业使用系统收集和分析生产数据,并将结果展示在仪表盘中。通过这个仪表盘,企业的运营人员可以实时了解生产线的状况,包括每个步骤的耗时和问题。同时,该企业还设置了警示机制,当某些指标达到阈值时就会自动发送警报,帮助运营人员及时采取措施,避免生产线停滞或出现质量问题。

4.5 数据指标中心建设

本节介绍数据指标中心建设的目的、所解决的痛点问题及建设流程。

4.5.1 数据指标中心建设的目的

数据指标中心建设的目的是与下游(风控策略/数据分析/数据产品(内容侧)/算法)达成合作,保障指标建设时口径的统一,完成指标覆盖,提升复用性,通过可视化方式提升查询效率。

4.5.2 数据指标中心解决的痛点问题

数据指标中心解决的痛点问题如下:

(1)指标难找到:由于数据模型较多,所以找指标如大海捞针,如果只是用元数据去搜索指标,则仍具有难度。

(2)指标无复用:由于没有指标中心,所以开发者不清楚指标之前是否有相关指标,导致指标重复建设,最终出现烟囱数据模型。

(3)指标口径难统一:开发的指标由于指标口径不一致,以及不同部门的业务方理解不一致,从而导致出现指标二义性。

4.5.3 数据指标中心建设流程

早期可通过飞书等企业办公软件去维护在线 Excel 文档,文档内容与指标中心新建指标图中一致(例如创建日期、创建人、业务/技术口径等),由于数据模型较多,罗列起来较为烦琐,所以不建议直接放全部指标内容,简易放看板、报表中的核心指标来实现。

中后期可通过数据仓库侧提供指标中心总体设计板块图及梳理好的指标信息,如图 4-1

图 4-1 网易 Easy Data 数据指标中心首页图

所示,与前端开发及后端开发配合工作,完成指标中心各个模块(创建、编辑等)及搜索跳转功能开发,并创建后台数据库及指标内容数据模型,用于后续数据存放,如图 4-2 和图 4-3 所示,再接入数据仓库,通过用户指标行为的明细数据加工及指标维度表下维度退化,建设指标侧应用数据模型,用于统计指标颗粒度下的使用情况(热度、查询率、被引用情况等),最终与前端开发团队配合完成可视化界面。

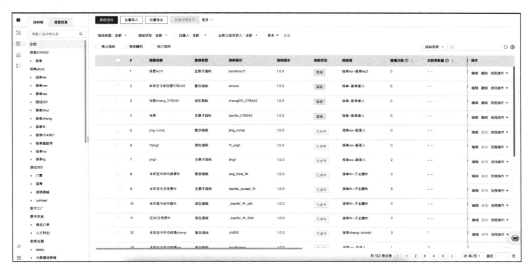

图 4-2　网易 Easy Data 数据指标中心指标管理图

图 4-3　网易 Easy Data 数据指标中心指标新建图

第 5 章

数据质量

5.1 数据质量背景

本章将从概念和存在的痛点问题来介绍数据质量的背景。

5.1.1 数据质量概念

数据质量中心(Data Quality Center,DQC)更精确地来讲是数据的准确性,它是数据仓库的基石。控制好数据质量,不仅是创建数据仓库的基本要求,也使下游业务方对数据用得放心。

很多读者在工作中会有一种思考,即数据仓库质量问题频发且长期存在,其实数据质量出现问题在开发中是常见的事情,无法消除,只可不断地提升数据质量以降低发生的问题概率,增加预防机制来解决问题。

5.1.2 数据质量存在的痛点问题

数据质量存在以下的痛点问题:

(1) 开发未规范化且对业务了解不足:由于数据仓库在应对业务前中期快速扩张,要覆盖更多场景应用,存在大量急于求成而未按照规范开发的情况。同时也存在对业务数据未进行深度剖析的情况,导致数据质量问题频发。

(2) 数据链路节点缺少质量保障:数据质量零保障建设,从而对问题数据无感知,导致问题数据、空数据等传输至下游,最终流入业务侧,从而使数据出现问题。

(3) 数据运维不及时:数据不能及时产出,从而导致可视化大屏、看板或产品端无数据响应,影响到下游用数体验。

(4) 业务数据问题处理无机制：下游对于数据问题不知上报修复流程，缺少流程化和机制化。

(5) 上游数据问题处理难配合，常推辞拒绝：数据仓库侧常常提供案例内容难实现上游自助化查询，同时无法建立上游数据问题处理机制。

5.2 数据质量保障措施

全链路数据质量保障可以作为数据仓库中内部重点项目投入，可从以下几方面攻克，如图 5-1 所示。

图 5-1 全链路数据质量保障总览图

5.2.1 制定数据模型及指标的上线变更规范

制定数据模型及指标的上线/变更规范主要解决在开发过程中未规范化及对业务了解不足而形成的痛点问题。

(1) 数据模型上线规范：设计模型→组内模型评审→代码编写→提交运行（测试环境）→代码审核数据校验（数据校验时需要给审核人提供数据比对结果）→配置 DQC（数据质量监控）→自动化质检报告→数据初始化（生产环境）。

(2) 数据模型变更规范：确定需求（例如数据模型添加字段，需要了解需求背景）→代码编写→提交运行（测试环境）→代码审核及数据校验（数据校验时需要给审核人提供数据比对结果）→配置 DQC（数据质量监控）→自动化质检报告→数据初始化（生产环境）。

(3) 指标变更规范：指标变更规范是业务口径沟通→指标变更评审→代码编写→提交运行（测试环境）→代码审核数据校验（数据校验时需要给审核人提供数据比对结果）→配置 DQC（数据质量监控）→自动化质检报告→数据初始化（生产环境）。

值得一提的是，数据质量校验工具主要解决验证数据、数据比对问题，存在浪费极大的人力成本，没有一套标准，以及验证的结果难以评估等难题，提高数据校验效率，可参考开源项目 dataCompare。

其他数据平台（例如网易的 Easy Data）也具备这个功能。

（1）数据探查：用于查数据模型字段的整体分布情况，例如表数据量、字段扫描、唯一性、最大值、最小值、长度、空值占比、枚举值占比，如图 5-2 所示。

图 5-2　网易 Easy Data 数据探查展示图

（2）数据比对：测试环境下的表与生产环境下的表比对（相同分区，并且比对内容不涉及新添加内容），比对内容包括表数据量、表去重后的数据量、字段总体/个别一致率（这里指两张表同字段数据比对），如图 5-3 所示。

图 5-3　网易 Easy Data 数据比对展示图

5.2.2　数据质量监控

数据质量监控主要解决数据链路缺少节点保障的痛点问题。

1．数据质量监控概念

数据质量监控用于监控表/字段数据的质量，防止问题数据流入下游任务，DQC 触发于每个任务执行后（包含测试任务），是数据仓库强有力的保障卡点，如图 5-4 所示。

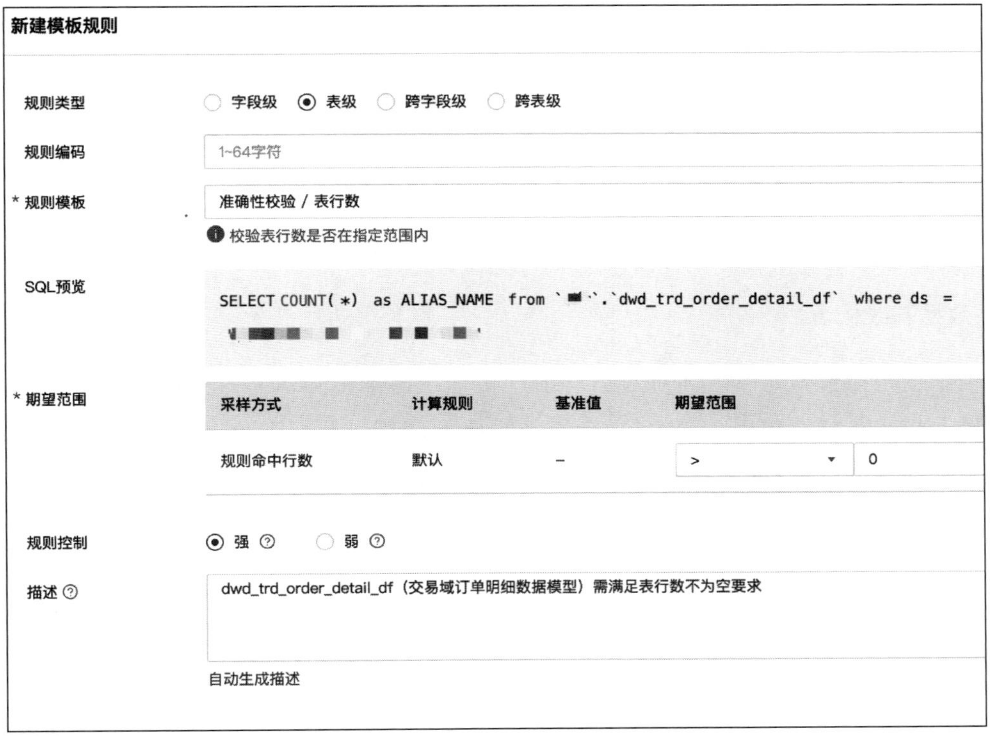

图 5-4　网易 Easy Data DQC 展示图

2．数据质量监控规则类型

数据质量监控规则类型分为强规则和弱规则。

（1）强规则：强规则可以中断任务的进行，将任务置于失败状态，并向任务负责人及值班人发送任务失败的消息（消息包括电话、邮件、短信、钉钉、飞书等）。

（2）弱规则：弱规则不能中断任务的进行，只向任务负责人及值班人发送任务失败的消息（消息包括电话、邮件、短信、钉钉、飞书等）。

3．数据质量监控的种类

（1）基础 DQC：主键/联合主键唯一、主键不为空、表行数波动、表不为空。

（2）业务 DQC 分类见表 5-1。

表 5-1　业务 DQC 分类

类	格式要求
文本类	字段不为空或空串、JSON 中的 Key 不为空
值域类	值域在区间内
枚举值类	枚举值类型是否正常、枚举值波动、枚举值占比
日期类	日期在区间内

5.2.3　数据基线及 SLA

数据基线及 SLA 主要解决数据运维不及时的痛点问题。

1．数据基线概念

数据基线是指数据仓库内部对数据产出严格把控标准，当数据产出较晚时（可能是由任务报错、强 DQC 拦截等因素导致的）会通知对应的值班人及任务负责人解决问题，从而保障底层数据按时产出，在布置基线时会配置基线告警时间，如图 5-5 所示。

图 5-5　网易 Easy Data 基线展示图

2. SLA 概念

SLA 是指数据仓库与业务方约定好的数据产出时间,就像是与业务方"签字画押",能够按时为下游提供数据,当数据产出较晚时(可能是由任务报错、强 DQC 拦截等因素导致的)会通知对应的值班人及任务负责人解决问题,从而保障底层数据按时产出,在布置基线时会配置基线告警时间。

5.2.4 容灾备份快速恢复能力

伴随着基线及 SLA 平台衍生出另一种容灾备份快速恢复能力,主要解决以下几类问题:核心任务产出不及时,以及值班人员及任务负责人夜间擅自离岗,无法保障数据及时交付下游。

容灾备份快速恢复能力操作(这里只适用全量):通常将下游临时任务切换为 T-2 数据,恢复整体任务,但数据资产、数据应用模型较多,不能顾全,还容易出现误操作情况,尤其是跨部门之间相互依赖数据模型,尤其需要快速恢复让下游任务运行起来,所以需要容灾备份任务还原所有数据资产,保障 SLA 不破线(数据能在交付时间前产出)并能够及时交付。

5.2.5 数据问题上报平台

数据问题上报平台主要解决业务数据处理无机制的痛点问题。

下游缺少反馈数据问题的渠道,也不清楚提出的问题是否可以得到解决,问题提出过于分散,需要平台管理整体流程,通过数据问题上报平台对当前数据问题进行记录,以便让业务方关注处理问题的进度,达到双方知会的效果,可以通过可视化工具搭建门户的方式进行建设,如图 5-6 所示。

图 5-6 问题上报平台展示图

无平台操作流程：通过 Wiki、飞书等管理数据上报问题，业务方通过工单的方式将问题上报到数据仓库，由相关工作人员跟进，并记录问题跟进情况，使双方相互了解，从而完成数据问题统一管理，统一解决。

5.2.6 源头数据质量长期监测跟踪体系

源头数据质量长期监测跟踪体系主要解决上游数据源出现数据质量问题难处理的情况。

1. 背景

由于上游数据经常出现数据质量问题，并常常暴露用户基础信息为空、部分字段存在逻辑问题，使数据分析人员使用起来较为困难，虽然作为数据仓库侧能够临时处理这类问题，但老问题积压与新问题出现都会让数据仓库侧难以处理，同时还有部分未知的数据问题，从而导致数据仓库内部人员与下游业务方无感知，所以需要长期监测跟踪体系建设以解决源端数据质量问题。

2. 项目流程

项目流程分为现状梳理、规则构建、数据开发、数据应用、数据质量监测门户（可视化）、源头 DQC（数据质量监控）建设。

（1）现状梳理：对目前现有数据存在隐患的问题进行收集归类，制作规则维度表。

（2）规则构建：将目前存在的数据问题按照每个规则进行模块化配置，为每个规则配置相关内容，包括规则类型、规则 ID/名及存在问题的字段/表等。

（3）数据开发：建设相应 DWD 层数据模型，以便存放明细数据，颗粒度保持不变，并做维度退化（注意缓慢变化维），可按照规则种类开设二级数据域（模型为二级分区，分区 1 为 ds（业务日期），分区 2 为 rule（规则）），内容包括规则 ID、规则名称、监控字段 1~5、来源表、规则是否触发、规则是否加白、规则上线/变更/下线日期、规则状态、负责人等。

（4）数据应用：建设 ADS 层规则颗粒度、治理人员颗粒度下规则触发情况与治理人员效果应用数据模型，用于看板侧对规则的触发情况进行阶段性统计及对人员治理工作量进行评估。

（5）数据质量监测门户（可视化）：数据仓库侧提供监测数据模型，可与前端配合完成，

（6）源头 DQC（数据质量监控）建设：经过上游对问题数据修复后，当触发情况为 0 时，可将规则从模块下线，但保留规则编号与内容，并在其他数据源接入 ODS 层任务上配置 DQC 监控以保障问题数据不会流入。

项目的整体框架如图 5-7 所示。

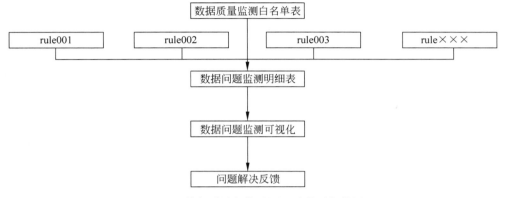

图 5-7　数据质量长期监测跟踪体系架构图

5.3　推动上下游开展数据质量建设活动

5.3.1　数据仓库发展期

如果早期未实现平台化，则可以通过组建数据问题答疑群的方式与业务方进行沟通，明确业务方数据的痛点问题，同时也能解决群里业务方提出的问题，其次与下游交流以明确产出保障，打好基础。

5.3.2　数据仓库成熟期

当数据平台功能完善后，经常开设培训讲座，带领下游熟悉数据质量体系，明白按照流程进行数据问题上报、解决、验收，以此保障及维护同一个规则；其次要适当地给予下游奖励，例如每月一次统计数据问题提出贡献及数据问题解决个数、程度，并通过这些考核为下游业务方提供奖励，让下游业务方有参与感。

5.4 数据质量思考

全链路数据保障是整个数据仓库中的核心,好的数据质量基建在每个流程(需求分析→开发→提交/发布→应用)都有相应的数据质量保障节点,保障流程中每步都准确衔接。如果数据仓库开发者都能遵守流程中的每步去执行,则能降低线上问题产生的概率,提升下游整体的用数信心。

第 6 章

数据安全

6.1 数据安全背景

在现在这个信息量爆炸的时代,数据安全已经是重中之重。数据泄露引发的用户信任危机事件比比皆是,以及跨部门引用核心表引发问题也是常态,当前各个公司都在针对数据安全做出相应措施,并开设数据安全岗位。

从上述内容可以看出,数据其实已经上升到了战略层面,影响到方方面面。那么作为一个企业的数据仓库开发者,要紧跟步伐,保证数据资产安全。

6.2 数据安全实施难点

要保证数据安全,也不是马上就能做出来的事情,数据仓库开发者会在此过程中遇到非常多的难点和阻力。主要分为以下这几个问题。

6.2.1 数据安全要做什么

很多人对于要做什么已经没有头绪了。人人都知道要保证数据安全,但不知道要从哪里开始。数据安全是一个很大的概念,迁移或修改时模型存在大量依赖关系,需要投入大量时间,存在修改遗漏,修改错误可导致线上问题发生。这些依然会导致数据泄露。

同时公司目前可能已经有了一部分数据安全方面的建设,但是由于下游依赖了待修改模型,因此会导致不能一次性做到模型完全迁移,需要排期按阶段迁移,实现数据安全周期长。

再者,各部门及业务对数据安全权限的把控度不同。公司发展庞大后,部门之间极有可能各自为政,形成数据孤岛。每个事业部及子公司,对于数据安全的把控也是天差地别。

6.2.2 数据安全现状梳理

在这部分就要结合公司的现状,不能一概而论,要分情况进行处理。

如果说购买的是第三方服务,则可以向供应商提需求,加强平台的数据安全能力(当然目前大量第三方数据供应商的数据安全已经较为完善),那么这时只要加强公司内部的数据流通机制即可。

但如果公司平台目前均为开源及自研,这时就要系统性地成立数据安全部门,或者专门成立数人的专项小组(建议为前者),以便对数据安全的专项负责。

6.2.3 数据安全保障方向

在制定完怎么做后,需要确定数据安全保障方向,高优先级事项需要排上日程。毕竟在有限的时间内,要做到面面俱到这是不现实的,所以要定优先级,一般来讲,优先级如下:

(1)底层生产数据加密,ETL加密。
(2)权限控制(权限控制可分为个人权限、表权限、字段权限、部门权限)。
(3)数据查询,导出记录监控。
(4)ADS层数据应用端加密。
(5)网络安全监控。

6.3 数据安全保障流程

数据安全保障的流程分为角色权限管理、数据使用权限管理、数据模型分级、数据展示、数据风险预期管理、数据脱敏。

6.3.1 角色权限管理

在角色权限管理中,数据使用角色也分为很多场景。一般来讲可分为个人角色、部门角色及项目角色三大类。

1. 个人角色

对于个人角色权限,一般来讲会与公司的 ERP 打通,然后随着公司的组织架构和部门层级进行划分。如果公司采购的是第三方数据平台(如网易的 Easy Data 或阿里巴巴的 DataWorks),则可能就要单独进行把控,但不管是哪种方式都要按照组织架构和职级进行配置。在此给出笔者对于个人权限划分的方法,读者可以按照实际情况进行参考。

(1) 数据开发者(包括数据仓库、BI 等职位,默认拥有本事业部所有表的读取权限),其余权限需要单独审批。

(2) 本部门人员分工一般分为三大类:部门负责人、骨干、组员,其中部门负责人拥有除集群管理员以外,本部门所有数据的最高权限,并且所有审批流程均汇总到负责人(关于审批流程,后续会详细介绍),见表 6-1。

表 6-1 权限审批分布表

部门分工	新建表	表修改	表删除	脚本新增	脚本修改	脚本删除
部门负责人	否	否	否	否	否	否
骨干	否	否	是	否	否	是
组员	是	是	是	是	是	是

其余的数据使用人员,建议使用用户组的方式进行管理。例如,A 公司的运营部有大量的数据分析师、BI 工程师、算法工程师,他们都要使用 A 公司数据仓库中的数据。那么数据仓库开发人员可以将此运营部的人员规划为运营用户组,将特定主题域和业务域的表批量开放给运营人员。同时,即便有新人入职,直接加入对应用户组即可。以达到一键开放权限的目的,从而避免烦琐流程。

2. 部门角色

由于不同规模的公司使用的方式不同。在这里给出两种较为通用的跨部门权限管理方式。

(1) 对于同一事业部,不同部门的权限申请,建议流程为主管、技术负责人、技术总监。

(2) 对于不同事业部的权限申请,建议流程为主管、技术负责人、技术总监、事业部负责人。

之所以看起来如此大费周章,这是由于公司规模扩大后,不同的申请人使用的场景千变万化,涉及非常多的领域。使用的粒度也可能是最细的订单,交易粒度,所以要对跨部门的使用增加审批流程,以保证安全地使用数据。

3．项目角色

项目角色和之前的差别较大。由于一个项目的数据可能仅供单个部门的人员参与并使用，也有可能跨部门使用，甚至为外部公司所服务，所以在项目角色的划分上，也要单独进行划分。通常的数据项目，权限管理是单独的一套系统，所以无法用上述的方法直接套用，但整体思路是一致的。还是使用用户组和用户单独申请的方式进行管理。需要注意的是，部分场景（如领导驾驶舱、看板等）必须单独申请权限。不得使用平台用户组的方式进行分配，如图 6-1 所示。

图 6-1　网易 Easy Data 角色管理中心

6.3.2　数据使用权限管理

上述是从角色的角度看待问题的，现在切换到数据使用的角度来进行权限管理，见表 6-2。

表 6-2　数据使用权限管理表

角色	ODS	DWD	DWM	DWS	ADS
数据仓库开发	有				
后端开发	有（临时申请）	无			有
数据分析	无	有			
算法开发	无	有			
BI 开发		无			有
其余数据使用方法		无			有

数据仓库的分层一般为 5 层——ODS、DWD、DWM、DWS、ADS。数据仓库开发者对于不同层级的把控是不一样的，其中需要注意的是，后端并不是默认就拥有所有 ODS 的权限，而是在排查一些历史数据问题时，需要单独申请，单独进行开放（默认开放 7 天）。最后

的其余数据使用方,泛指下游非数据工作人员,如运营、产品,其他部门或者外部数据使用方,对于此类人员都需要单独申请,并且只开放 ADS 层。如果有跨部门查询场景,则可提供视图支持,如图 6-2 所示。

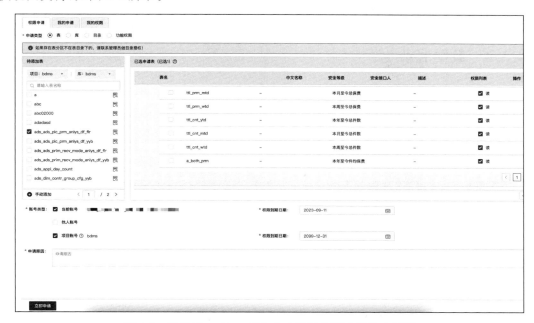

图 6-2　网易 Easy Data 安全中心数据模型及字段申请图

6.3.3　数据模型分级

在数据模型的分级上,可以从两个点切入。

(1) 首先按照表本身的内容进行分级,见表 6-3。

表 6-3　表等级划分表

等级	审批情况	数据提供方式	大致内容
S	只对特定人群开放	通过加密的方式提供给其他事业部	公司财报、北极星指标、用户三要素等敏感信息
A	需要一级事业部管理员审批	可以对外部分开放,例如部分字段申请、视图开放	公司所有粒度的复合指标、派生指标,客户维度信息,以及所有订单类明细
B	需要二级事业部管理员审批	可对外开放,需要按照表/字段权限的流程进行申请	非交易性、业务性指标和明细,以及非敏感维度信息
C	无须申请,直接使用	可以对外开放	网上可以找到所有维度的数据,如日期维度表,省市区维度表等

(2) 然后,按照表当中等级最高的字段进行划分。读者在这里可能会觉得二者之间易

混淆,其实不然。举个例子。倘若有一张 ADS 层的应用表,当中包含当天的 PV、UV、订单交付量、订单运送量等指标。此表属于 A 级,但此表在经过迭代后,下游有 3 个看板同时依赖此表,并且添加了当日 GMV、GMV 的 MTD、YTD 指标。此时该表的等级就要上升至 S,其余等级以此类推。

6.3.4 数据展示

讲到数据展示,各位读者的第一反应可能是报表、应用、看板,其实不止于此,所有的 Adhoc 查询、自助分析、自助取数,其实都涉及了数据展示的范畴,包括后续的数据导出。

(1) 在展示报表、应用、看板这一部分,主要用上文中的角色权限管理进行把控。那么在展示的格式上,基本在上线时都已经进行了加密处理,如图 6-3 和图 6-4 所示。

图 6-3 网易有数用户权限管理图

图 6-4 网易有数用户权限配置图

（2）在 Adhoc 查询中，默认展示 1000 条。倘若要导出更多内容，则需要审批，必须经二级部门负责人通过后方可导出，如图 6-5 所示。

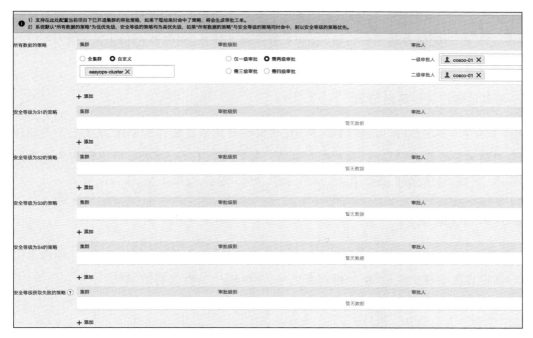

图 6-5　网易 Easy Data 自助分析下载权限配置图

（3）在导出时（无论导出数据量是一条还是几十万条），需要在 Excel 处增加水印。以达到数据安全的效果。保证每次导出的数据都有据可循。

6.3.5　数据风险预期管理

1．人员变动

这种情况平时经常遇到。无论是人员离职、人员调动，还是部门组织架构变化都会影响上述所有的权限控制。此时需要数据平台部门打通所有上下游。保证第一时间回收和修改（倘若购买的大数据平台与数据分析并非同一服务商，则需要单独进行数据回收，可以向服务商提迭代需求，对两者进行打通处理）。

2．回收长期未使用的权限

第 1 种情况是根据之前申请的 15 天内的临时权限，时间到期后自动回收。如果要再次使用，则需重新申请。个人不建议在原来临时权限上延期，这会导致大量临时权限延期，从而导致安全不可控。

第 2 种情况是根据之前申请的 15 天外的临时权限（30 天或 90 天等）。此种权限会在 15 天后通过 T+1 扫描的方式，查看此申请人是否还在使用此表，如果不再使用，则通过邮件告知的形式在 3 天后自动回收权限（如果下游有调度任务，则需要申请永久权限，否则会导致生产事故）。

3．与其他部门共担风险记录

给予权限后，签字画押，可通过数据模型、数据平台化审计操作控制的方式记录当前使用情况，对高风险操作进行监控，做到相互监督，并留下证据。记录所有历史行为的产生时间、项目组、项目、对应集群、操作用户、事件来源、操作类型、资源类型、资源名称等。

6.3.6　数据脱敏

数据脱敏操作可根据查看表的人群、查看的内容（多数使用于门户、报表、对外透出表等场景）通过算法识别来脱敏，例如用户手机号、身份证号等数据脱敏，脱敏可在 ODS 层及 ADS 层实现，需要看具体的业务场景，最终保障数据展示安全，如图 6-6 和图 6-7 所示。

类型名称	创建方式	识别对象	正则表达式
IP地址	模板	字段内容	^(?:(?:25[0-5]|2[0-4][0-9]|[01]?[0-9][0-9]?)\.){3}(?:25[0-5]...
常规车牌	模板	字段内容	^[京津晋冀蒙辽吉黑沪浙皖苏豫闽赣鲁鄂湘粤桂琼渝川贵云藏陕...
新能源车牌	模板	字段内容	^[京津晋冀蒙辽吉黑沪浙皖苏豫闽赣鲁鄂湘粤桂琼渝川贵云藏陕...
护照号	模板	字段内容	^([EK]\d{8}|(SE|DE|PE|MA)\d{7})$
外国人永久...	模板	字段内容	^[A-Z]{3}[0-9]{12}$
军官证	模板	字段内容	^[\u4E00-\u9FA5]{字第}[0-9a-zA-Z]{4,8}[号?]$
邮编	模板	字段内容	^[0-9]{6}$
邮箱	模板	字段内容	^[a-z0-9A-Z]+[-|a-z0-9A-Z._]+@([a-z0-9A-Z]+(-[a-z...
身份证号	模板	字段内容	^[1-9]\d{5}(18|19|([23]\d))\d{2}((0[1-9])|(10|11|12))(([0-2][1-9]...
手机号	模板	字段内容	^1(3\d|4[5-9]|5[0-35-9]|6[2567]|7[0-8]|8|9[0-35-9])\d{8}$
银行卡号	模板	字段内容	^[1-9]\d{15}$
测试类型	自定义	字段内容	^[1-9]\d{3}$

图 6-6　网易 Easy Data 安全中心常见数据脱敏图

序号	脱敏算法	算法配置	说明
1	遮盖脱敏	保留前n后m	使用字符对敏感字段的部分内容进行遮盖，支持使用(*)和(#)，并支持参数的自由配置。
2		保留自x至y	
3		遮盖前n后m	
4		遮盖自x至y	
5		关键词前遮盖	
6		关键词后遮盖	
7	哈希脱敏	MD5	使用哈希值替换代替敏感字段，支持多种哈希算法，并支持加盐值的自由配置。
8		SHA1	
9		SHA256	
10		HMAC	
11		SM3	此算法是中国国家密码管理局2010年公布的中国商用密码哈希算法标准，适用于商用密码应用中的数字签名和验证
12	加密脱敏	AES	对于敏感字段进行唯一对称可逆的加密。

图 6-7 网易 Easy Data 安全中心数据脱敏算法图

6.4 数据安全实施阶段

6.4.1 早期数据安全实施

由于处于早期阶段，数据仓库开发者要用最少的资源保证数据的安全。在此阶段，要从根本上避免大量和敏感的数据泄露，因此数据仓库开发者要抓"大头"，一般来讲有以下几个大类可以优先做。

1. 角色权限限制

这是最重要的一环，倘若对角色权限不进行把控，那么后续的一切都无法实施。角色权限是一切的基础。

2. 数据使用权限申请限制

由于数据使用场景大多为应用场景，因此在开发的过程中就要进行权限把控，当然这会适当增加开发时长，但这是必须做的一环。如果购买的是第三方 BI 应用等，则可以忽略这一环。

3. 机密数据单独管控

要知道，机密数据一旦泄露，后果不堪设想，所以要从角色、底层表、应用等对机密数据进行加密和管控。保证机密数据的适用人数降至最低。同时在导出使用阶段进行监控,避免对外传播。

6.4.2 成熟期数据安全实施

1. 数据模型划分管控

在数据安全领域,数据模型的划分一般来讲可分为业务划分和等级划分。在中小型公司中直接按照主题域和下游业务域划分即可,但在大型公司中要先按照大事业部进行划分,然后细分。等级划分可参照上文的等级划分。

2. 跨事业部权限限制

由于不同事业部的业务内容千差万别,所以在跨事业部时需要进行权限审批。建议流程为主管→技术负责人→技术总监→事业部负责人。

3. 隐私数据处理

在隐私数据处理的问题上,务必提高重视程度。尤其是用户的三要素,笔者建议在生产端直接进行加密。部分公司生产依然为明文,这是极大的安全隐患。倘若系统来不及改造,则必须在 ODS 层进行加密处理,并且严格把控 ODS 权限。

4. 数据下载查询管控

通常来讲,数据泄露 90% 是通过即席查询,然后以导出的方式泄露出去的,所以说数据仓库开发者要对数据的查询,以及下载进行管控。可以从 3 个环节层层把控。

(1) 数据查询默认为 1000 条,超过后需要向二级部门负责人申请。

(2) 导出数据默认全部加水印。

(3) 与公司安全部门合作,在公司的所有计算机上安装安全软件,在第一时间监控并阻断数据的泄露。

6.5 数据安全思考

即便是当今社会,多数人依然对于隐私和数据安全的概念认识不深。对于隐私的界定,不同的人有不同的概念。随着时间的推移,同一个人对于自己的隐私衡量标准也会随之改变。

即使是大型经营成熟的公司也不知道应该对谁的隐私负责。隐私是不愿意公开的信息，不愿意公开的对象更多是其他自然人或者机构。担心别有用心的人通过机构的数据库提取到自己的数据加以利用，所以说数据安全对于数据仓库开发者来讲是至关重要的。

当然，历史上最早的数据安全问题主要是黑客的直接攻击，主要针对原始数据，而现在黑客有可能会污染机器学习模型的训练数据，篡改训练数据会影响模型输出正确的预测结果的能力，破坏机器学习模型。从目前的技术层面来看，数据管理使用区块链技术相对安全。从企业层面来看，选择有数据安全管理能力的企业，做好数据备案，建立好数据风险预警，一旦数据泄露即刻通知相关人员也能起到一定的作用。

第 7 章

数据治理

7.1 数据治理背景

说到数据治理,第一反应是什么?计算资源、存储空间、元数据管理,其实都对。数据治理囊括了上述内容。

实际上数据治理的范畴相当广泛,按照谷歌对于数据治理的定义,它包含数据生命周期(从获取、使用到处置)内对其进行管理的所有原则性方法。涵盖确保数据安全、私有、准确、可用和易用所执行的所有操作,包括必须采取的行动、必须遵循的流程及在整个数据生命周期中为其提供支持的技术。

治理的本质,其实是数据模型合规,部门及下游易用且有保障,提升开发及使用效率,发挥数据的价值,降本增效最大化数据使用的 ROI,同时使团队人员技术提升。

7.1.1 合规治理

1. 数据模型合规

不以规矩,不成方圆。首先要做的就是元数据治理,包括但不限于表结构、数据存储格式、存储目录、字段名称、备注、格式、任务名称、调度周期等,所以数据仓库开发者要使各个模型都按照数据标准进行开发,同时数据仓库在扩张期产生的数据量越来越大,划分的数据域也越来越多,但很多数据仓库在初步搭建时没有确定好数据标准与模型设计规范,没有一套完整的数据生命周期管理体系,同时组内成员技术及业务水平参差不齐,从而导致烟囱数据模型大量产生。无规范或无元数据维护的数据模型让人无法看懂,数据模型很难发挥出数据的价值。

2．数据安全合规

数据安全问题，在第 6 章已介绍了详细内容。从大的治理角度来讲，安全是整个数据治理的子集。

3．数据质量合规

数据质量的基本保障是数据仓库的基石，如果数据质量问题很多，下游没法使用，则会让下游用户失去用数信心。甚至会导致下游任务失败，所以数据仓库开发者一定要进行链路保障，保证数据的可靠性。

7.1.2 资源治理

在存储资源的治理上，有很多的点可以切入，如数据重复同步、ODS 重复建设、数据仓库重复建设、指标重复、ADS 无效表下线等。后续会一一介绍。

只要有存储资源治理，就会有对应的计算资源治理。需要注意的是，这里的计算资源包含但不限于计算任务、传输任务、上传任务等。同时从数据仓库的角度来看也有大量的点可以去治理，如无效任务、孤岛任务、孤老任务等。

7.2 数据仓库发展阶段

其实很多企业在意识到要进行数据治理时，已经为时已晚，所以在数据仓库的初期，要完成简单的数据治理工作，并且在不同阶段，对于数据的诉求也是大相径庭，按照不同阶段进行精确治理。一般来讲分为 4 个阶段。

（1）探索期：这个时期的业务特点往往是比较单一的，并且数据量相对较少，所以这个时期的核心诉求为快速支持业务团队，包括数据分析、运营、风控等。那么就需要保证元数据和数据质量。

（2）扩张期：这个时期的企业业务飞速增长，有大量的原子指标、复合指标、派生指标会在 BI、分析、算法等多个场景重复使用。那么这就需要数据仓库开发者保证两个点，即数据的高度复用和数据的准确性。

（3）发展期：企业在经历过快速扩张期后，就会步入稳增长的阶段，这时，精细化运营便是重中之重，并且在这个阶段，企业的业务量较初期已经非常庞大且复杂，所以重心也要向指标一致性和产品的多样性倾斜。

（4）变革期：到了变革期，企业往往会寻求开辟新业务，改变旧架构。这时会出现既要快速满足各种新业务，又要治理大量老业务的数据资产。需要有足够的人才储备和完善的数据治理平台，否则将会使治理举步维艰。

7.3 数据治理内容

笔者将数据治理分为 6 大模块，分别为数据模型、数据质量、数据安全、存储资源、计算资源、小文件。

7.3.1 数据模型合规治理

1. 数据模型合规治理背景

随着业务的快速迭代，为了快速支持业务会导致分层混乱（这里不代表非要完成数据模型后再去支持业务，而是在支持业务后能否沉淀资产）。

从笔者自身的经验来讲，之前所在的业务线数据模型也混乱，有时想查一个指标甚至发现线上有 5 个以上数据模型出现重复加工的情况（存在之前指标中心未建设导致的情况），历史字段名/表命名也很随意，没有规范，线上数据链路较长，数据之间的关系错综复杂，从而导致产出数据较晚，同时有 23% 的 ODS 穿透率（ODS 穿透率代表 ODS 跨层引用率，常见为 ODS 层到 ADS 层引用，口径为被跨层依赖的 ODS 表数量/ODS 层表数量）。

2. 数据模型合规治理前的思考

由于数据模型之间相互依赖过多、链路过长且繁杂，因此直接上手可能会造成线上事故，需要与团队多次沟通后对当前治理的优先级进行排期，笔者提供一个思路，大致流程为简单的数据标准重制定（顶层设计、层级监控、表及字段命名、数据域与主题域划分）→无用/临时数据模型下线→应用指标公共下沉复用→解决 ODS 穿透问题→烟囱数据模型重构及下线→元数据非合规数据模型（包括元数据字段信息）修改。

同时在初期数据仓库开发者需要完成各类元数据接入，搭建治理看板，开发团队治理产出统计数据模型，保障治理进度及人力资源协调。

3．数据模型合规治理流程

1）层级设计

一般来讲，默认将数据仓库分为 6 个层级，即 ODS、DWD、DWM、DWS、ADS，以及维度层 DIM。每家企业对于层级的命名不一样，如某些企业将 ADS 称为 APP 层，这里不强制要求，确定即可。

同时，实时数据仓库的层级相对来讲可能会比较少，各个企业可根据自身业务的复杂程度进行层级筛减和扩充。

至于测试表，每家企业方案不一，有些为建立对应的 TMP 库、TMP 表（临时库，临时表），有些为表名最后追加 TMP 字段。笔者建议为建立对应 TMP 库，其目的是在后续平台完善后，为自动化建表、自动化 DQC 检查做准备。

2）命名规范

命名规范可参考 2.8 节数据标准介绍。

3）临时数据模型下线

根据数据血缘及任务依赖（这里建议在数据仓库侧开发血缘数据模型，可不到字段血缘，如有条件可将范围扩大到可视化侧）对线上长期无用表、下游无血缘且空跑数据模型、临时表进行扫描及下线，降低无用存储及计算损耗。

4）应用指标公共下沉复用

由于在数据仓库扩张期且没有指标中心的前提下大量开发应用侧数据模型会导致指标复用性较差问题，首先数据仓库开发者应查看应用层指标是否口径一致，如果不一致，则需要与下游再次沟通后修改，其次对应用层模型指标按照数据域、周期（1D（1 天）、30D（最近 30 天）、60D（最近 60 天）、90D（最近 90 天）、MTD（月初至今）、TD（历史至今））拆解并将不同颗粒度下的指标放入对应数据模型经验证后复用，并切换线上数据模型直接引用指标。

5）解决 ODS 穿透问题

依靠在下线无用数据模型和下线临时数据模型时的数据血缘找到跨层引用数据模型，并对这些数据模型按照模型 5 要素（数据域、颗粒度、度量、维度、事实表类型）构建 CDM（DWD 与 DWS）层，并验证 ADS/DWS 标签/指标引用新 DWD 数据模型的质量情况，最后完成 DWD/DWS 数据模型上线，及 DWS/ADS 的引用数据模型切换。

6）烟囱数据模型重构及下线

对于线上多次重复开发的烟囱数据模型进行重构及下线，将可复用公共指标及其他相似场景下数据模型字段内容整合到一个或多个数据模型中，提升数据模型的易用性，使数据模型清晰明了，由于对烟囱数据模型进行重构及下线，因此避免了由于内容不足而导致的相互依赖和任务链路延长问题的发生。

7）元数据非合规的数据模型重构及修改

对原来非合规数据模型元数据按照新定的标准进行重构，切记在建设的同时需要修改下游表名依赖及代码中字段引用信息，避免线上故障发生，可以先重构 ODS、DWD、DWS 数据模型的元数据信息，保障数据准确后上线，后续可按照主题域分工，让组内每位成员切换 ADS 数据模型，但在切换前需要与下游沟通，并对切换工作进行排期，沟通后与下游一起调整。

4．数据模型合规治理后维护

可以从数据模型价值（被引用次数、查询次数、被收藏次数等）、数据模型元数据规范（按照新数据标准去检测打分）设定数据模型合规评判分，并设立红黑榜，以及对应奖惩措施，后续可通过 Python 等开发不合规数据模型信息提示（可日推、周推提醒），可通过邮件或者群信息的方式指定负责人定时治理不规范的数据模型，维护好数据模型的质量，同时还需要建设数据模型设计中心，强制数据模型上线前审核，以及按照强管控方式强行限定数据模型名、词根内容、字段名等以达到易读的效果，如图 7-1 所示。

图 7-1　网易 Easy Data 模型设计中心合规监测图

7.3.2　数据质量合规治理

1．数据质量合规治理背景

在业务经过长期迭代后，数据质量在不断地优化，但仍会有数据问题产生，这时数据质量治理就至关重要。可以通过 DQC 和 SLA 的方式保证数据质量。整体思路可以分为 4 个步骤：规范化→强管控→定期扫描→体系化。

2．数据质量合规治理过程

1）规范化

数据质量经过长期迭代后形成了这样的规范：设计模型→组内模型评审→代码编写→提交运行（测试环境）→代码审核数据校验（数据校验时需要给审核人提供数据比对结果）→配置 DQC→数据初始化（线上环境）。同时，笔者建议在平台允许的情况下，在后续每次代码迭代上线时，强制进行 DQC 检测。以避免人工遗忘而造成的数据出现质量问题。

在第 1 版上线后，必然会遇到迭代的情况。那么这时就需要规范化指标变更流程。如果发现字段变更后对下游的表/报表产生影响，则应修改代码并让其他人员进行代码审核、数据质量审核，只有任务运行成功后方可发布线上。

如果下游血缘存在其他人的表/报表，则需要在相关业务群里找到下游表/报表负责人并向此人发送通知，让下游负责人进行修改，如果联系不上，则需要向负责人的主管说明问题，并且让下游表/报表的负责人当天确认受不受影响，如果不回复，则对方承担责任，如果对方不接受修改方案，则需要双方约定修改内容、修改日期，重定方案。

2）强监控

（1）数据质量监控：用于监控表/字段数据的质量，防止问题数据流入下游任务，是数据仓库强有力的保障卡点，DQC 触发于每个任务执行后。

那么规则有哪些呢？一般来讲有基于数值的监控（例如数据量翻倍/数据量超过一定同环比阈值等）和空值的监控。也有基于空值，唯一性的检验，组合键唯一等。在业务初期，可以根据对于业务的理解设定阈值，但到了后期，随着业务变得复杂和任务增多，可以通过系统对 7 天或 30 天 DQC 阈值进行参考评估，设定合理值。也可以通过算法长期对 DQC 波动率进行监测，动态评估阈值。

同时 DQC 的规则可分为强规则和弱规则。强规则是一旦触发，任务直接停止，然后通过电话加消息和邮件的方式，告知任务负责人和对应主管，并在第一时间进行处理。一般正常业务波动下，类似数值型规则极少会超过 100% 的波动，所以一般来讲如果超过此阈值，就会触发强规则。对应地，规则即便触发，也不会导致任务终止，仅采用消息加邮件的方式告知。

因此需要在治理早期对未配置数据质量监控的数据模型进行监控配置，防止问题数据（例如空表、数据翻倍等情况）流入下游，导致整条数据链路出现问题。

（2）数据产出保障之 SLA 完善：SLA 是指数据仓库与业务方约定好的数据产出时间，有点像与业务方"签字画押"，能够按时为下游提供数据，当数据产出较晚时（可能是由任务报错、强 DQC 拦截等因素导致的)会通知对应的值班人及任务负责人解决问题以保障底层数据按时产出,在布置基线时会配置基线告警时间。

数据基线是指数据仓库内部对数据产出严格把控标准,当数据产出较晚时(可能是由任务报错、强 DQC 拦截等因素导致的)会通知对应的值班人及任务负责人解决任务保障底层数据按时产出,在布置基线时会配置基线告警时间。

在上游数据无法解决且全量数据开发时,可以将下游临时任务切换为 T-2 数据,恢复整体任务,但如果数据资产、数据应用模型较多,则容易出现误操作情况,所以需要容灾备份任务,以便还原所有数据资产,保障 SLA 补破线能够及时交付。

因此在早期业务扩张时,如果对数据产出问题未投入重点关注的数据仓库组,则可以与业务方达成共识,并制定好数据仓库组基线时间与值班安排。

(3)数据源字段监测:对于早期接入数据仓库的 ODS 表,后续投入度可能较低,但随着上游数据源变动(新加字段、系统迁移等)可能未通知数据仓库侧,从而导致线上事故发生,对于这类源头数据问题需要做好及时监测(可以通过 DQC 中数据波动、字段中枚举占比等信息监控),以及与源头开发人员商定好,以便在业务变迁前抄送数据仓库侧。

3)定期扫描

在配置完 DQC 和 SLA 后,数据仓库开发者还要对现有的任务进行定期检查和扫描,将数据质量管理常态化。每日扫描近 7 天或 15 天监控任务实例存在异常或失败的实例是否已处理及解决,并根据 DQC 触发情况进行 DQC 优化及下线。

对于已做基线配置的数据仓库组可以从基线告警次数侧治理,同时开发值班运维手册,记录值班期间发生的问题,以及平时值班常遇到的问题与解法,为夜间值班人员提供值班时的运维策略,减少夜间值班带来的问题。

4)体系化

体系化建设的前提是依靠数据平台的方式进行管理。因为业务在不断地变化,并且主键复杂,所以数据仓库开发者要对内部及下游数据问题进行收集并通过流程化方式完成问题全流程跟踪。对数据问题长期监控,并定期向下游反馈,或让下游有体感,清晰地了解当前的进度。

7.3.3 数据安全合规治理

数据安全在第 6 章已经向读者着重介绍了,这里就不再赘述。再总体概括一下,同时帮读者复习其中的重要知识点。

总体的治理思路分为以下几个步骤:权限管控→数据模型分级→数据脱敏→数据展示→定期扫描。

1. 权限管控

首先应用场景最多的就是数据使用权限,将字段/表使用权限控制按照负责人/组的形式进行控制,同时对表的等级按照业务内容进行分级,从而保证数据的安全性。

其次是下载权限,需要设计多层级审批(可以直达业务负责人),限制下载行数(通常最多 1000 行)数据模型分级。如果超过 1000 行,则需要上报更高级别负责人进行审批。

2. 数据模型分级

数据模型、Topic、字段均要按照数据内容和敏感程度进行分级,并且赋予不同的审批流程,以保证数据安全。

3. 数据脱敏

根据查看表的人群、查看的内容(多数应用于门户、报表、对外透出表等场景)进行脱敏,例如用户手机号、身份证号等数据脱敏,大部分脱敏在 ODS 或者 DWD 和 DIM 层实现。也可在 ADS 层实现,要根据具体业务场景而定。

4. 数据展示

根据报表、看板的权限等级,在同一张图表中限制不同的用户能够看到的数据不一样(常用于报表各模块内容展示)。

5. 定期扫描

笔者建议在任何表上线之后 3 天内强制进行等级扫描,并通过系统方式通知数据负责人对表/字段等级进行打标工作。从源头把控,避免后续返工。

7.3.4 存储资源治理

1. 存储资源治理背景

在大数据领域,每天所生产出的数据是非常庞大且消耗资源的,同时大量复杂的 ETL 作业也会使数据成爆炸式增长,同时一些互联网企业、通信企业、AI 企业每天所增长的数据基本以 TB 为单位,甚至更多,所以存储资源的治理成为各大企业的重要治理点。

问题产生的原因主要在业务发展中存在大量无用待下线的数据模型,以及生命周期设定过长的数据模型,对这些模型未进行整治。

2. 存储资源治理前的思考

梳理出长期未被使用/引用的模型,以及生命周期不符合当前标准的模型,例如未分区、空表等。

优化方案可以从用最少的人力成本和时间成本达到显著的优化效果入手,如图 7-2 所示。

图 7-2 网易 Easy Data 数据治理 360 存储分析图

3. 存储资源治理过程

1)数据模型生命周期标准

数据仓库的每层都有对应的生命周期,一般来讲可以根据以下方式进行生命周期设置。当然这不是固定的,针对特殊的业务场景,也可以适当地延长或缩短生命周期时间(如一些引用 ADS 层的报表,仅仅是为了元旦的活动而做的监控,对于这样的监控就没有必要设置为永久,设置为半年即可),生命周期规范见表 7-1。

表 7-1 数据模型生命周期规范

层 级	生命周期	层 级	生命周期
ODS 层	1 年	DWM 层	3 年,部分可为 5 年
DIM 层	5 年	DWS 层	10 年,部分可为永久
DWD 层	3 年	ADS 层	10 年,部分可为永久

2)下线长期未被引用数据模型

对应长期未使用的定义即 Hive 表或者 Topic 无下游,并且持续时间超过 120 天(因为有些表是为了完成季度任务,90 天可能会造成误删)。

3）优化压缩格式及存储格式

目前压缩格式和存储格式有很多，沿用目前主流的方法，即 Orc 搭配 Snappy，或者 Parquet 搭配 Snappy 的方式进行数据存储，以达到性能和存储的平衡。

4．存储资源治理后的维护

存储资源的思路在上文已经介绍过，但不可能以手动的方式进行定期治理，费时费力，所以需要用平台化的方式对这些点进行定期扫描。一般来讲通过扫描 Hive 的元数据进行监控，同时配置自己的规则。

7.3.5　计算资源治理

1．计算资源治理的背景

作为数据仓库开发者经常会收到大量集群资源满载、任务产出延时等消息及邮件，甚至下游数据分析及其他人员也会反馈任务运行慢的情况，在这里很多数据仓库开发者遇到这类问题第一个想到的办法是加资源以解决问题，但事实真不一定是缺少资源，而是需要优化当前任务。

2．计算资源治理前的思考

在治理之前笔者想到一个问题，切入点该从哪里开始最合适，笔者对当前计算资源治理的优先级、改动成本大小、难度做了一个排序，先选择从简单的参数调优 & 任务引擎切换开始→小文件治理→DQC 消耗治理→高消耗任务治理→调度安排→下线无用模型及沉淀指标到其他数据资产，同时在初期由数据仓库开发者完成各类元数据接入搭建治理看板及团队治理产出统计数据模型，如图 7-3 所示。

图 7-3　网易 Easy Data 数据治理 360 计算分析图

3. 计算资源治理过程

1) 切换 Spark 3 计算引擎及 Z-Order 优化

任务统一使用 Spark 3 引擎加速，并充分利用 Spark 3 的 AQE 特性及 Z-Order 排序算法特性。

（1）AQE：Spark 社区在 DAG Scheduler 中新增了一个 API，以便在提交单个 Map 阶段及在运行时修改 Shuffle 分区数等，而这些就是 AQE，在 Spark 运行时，每当一个 Shuffle、Map 阶段完毕时，AQE 就会统计这个阶段的信息，并且基于规则进行动态调整并修正还未执行的任务逻辑计算与物理计划（在条件运行的情况下），使 Spark 程序在接下来的运行过程中得到优化。

（2）Z-Order：一种可以将多维数据压缩到一维的技术，在时空索引及图像方面使用较广，例如常用 Order by A,B,C 会面临索引覆盖的问题，Z-Order by A,B,C 的效果对每个字段是对等的。

2) 数据质量监控资源治理

由于 DQC 配置资源为集群默认参数，效率极低，从而会导致所有 DQC 运行时长均超过 10min，使整体任务链路运行时长过久，将 Drive 内存调整为 2048MB，将 Executor 个数调整为 2，将 Executor 内存调整为 4096MB。

3) 高消耗任务调优

对于运行时长过长、资源消耗大的任务应寻找原因，一般来讲数据倾斜的概率较大。

数据倾斜的根本问题在于 Key 的分布不均，在进行 Shuffle 时，必须将各个节点上相同的 Key 拉取到某个节点上的一个 Task 上来进行处理，例如按照 Key 进行聚合或连接等操作。此时如果某个 Key 对应的数据量特别大，则会发生数据倾斜问题。

（1）Map 阶段。

① 剪裁列和剪裁行：减少全表和全字段查询；

② 条件限制：查询一定要带分区字段，子查询需要先限制分区再限制时间及条件，减少非必要数据输入；

③ Distribute by：用来控制 Map 输出结果的分发，即 Map 端将数据拆分给 Reduce 端。会根据 Distribute by 后边定义的列，根据 Reduce 的个数进行数据分发，默认为采用哈希算法。当 Distribute by 后边跟的列是 Rand()时，可以保证每个分区的数据量基本一致。

（2）Shuffle 阶段。

通过 Spark Web UI 来查看当前运行的 Stage 各个 Task 分配的数据量，从而进一步确定是不是因为 Task 分配的数据不均匀而导致了数据倾斜。知道数据倾斜发生在哪一个

Stage 之后，接着就需要根据 Stage 划分原理，推算出发生倾斜的那个 Stage 对应代码中的哪一部分。

（3）Reduce 阶段。

① Distinct 改为 Group by：因为 Distinct 是按 Distinct 字段排序的，所以一般这种分布方式是很倾斜的；

② 笛卡儿积优化：一对多关联导致倾斜；

③ 大 Key 的过滤：先过滤再计算；

④ 大 Key 重组计算：将大 Key 打上随机值进行计算，去除后再进行重组。

⑤ Map join：把小表全部读入内存中，在 Map 阶段直接用另外一张表的数据和内存中表数据进行匹配，由于在 Map 时进行了连接操作，省去了 Reduce，因此运行效率会高很多。Mapjoin 还有一个很大的好处是能够进行不等连接的连接操作，如果将不等条件写在 Where 中，则 MapReduce 过程中会进行笛卡儿积，运行效率特别低，如果使用 Mapjoin 操作，则在 Map 的过程中就完成了不等值的连接操作，效率会高很多。

4．计算资源治理过程

1）任务调度时间安排合理化

对于调度优化一开始会无从下手，统计凌晨 2~5 点区间下大量任务难梳理，同时存在任务依赖，修改起来可能会对下游整体有大的影响，因此选择循序渐进的方式先梳理再改善。

（1）找到所有表的输出/输入点即起始 ODS 任务与末尾 ADS 任务。

（2）划分其中核心表/非核心表，以及对应任务的开始时间与结束时间。

（3）按照梳理内容把非核心任务穿插在当前集群资源非高峰时期（2 点前与 5 点后），同时把核心任务调度提前，保障 DWD、DWS 层任务及时产出。

（4）对实践后的内容再度调优，达到资源的最大利用率。

2）任务调度时间安排合理化

烟囱数据模型过多，需将指标下沉到 DWS 中以提升复用性，对于无用任务则需要及时下线（这里需要获得元数据血缘，最好获得报表层级的数据血缘，防止任务下线后导致可视化内容产生问题），减少开发资源消耗。

5．计算资源治理后的维护

计算资源治理后的维护流程分为计算任务、超长任务、无效计算、高消耗任务。

（1）计算任务：数据仓库开发者要定期扫描，定位到个人及团队，可通过邮件加飞书等办公工具告知,并在第一时间进行处理。

(2) 超长任务:一般来讲,任务实例的运行时长大于 2h 即定义为超长任务。

(3) 无效计算:对应的便是存储治理中超过 120 天未使用的表,其任务也要下线。

(4) 高消耗任务:资源消耗连续 3 天进入部门前 10 的任务。

7.3.6　小文件治理

本节介绍小文件治理的背景与产生流程。

1. 小文件治理背景

小文件是数据仓库侧长期令人头痛的问题,它们会占用过多的存储空间,影响查询性能,因此需要采取一些措施来对小文件进行治理,以保证 Hive 的高效性和稳定性。

2. 小文件的产生流程

小文件产生的流程主要有以下几方面:

(1) 日常任务及动态分区插入数据(使用的 Spark 3 以下及 MapReduce 引擎)会产生大量的小文件,从而导致 Map 数量剧增。

(2) Reduce 数量越多,小文件也越多(Reduce 的个数和输出文件是对应的)。

(3) 数据源本身包含大量的小文件,例如 API、Kafka 等。

(4) 实时数据落 Hive 也会产生大量小文件。

3. 小文件带来的影响

接下来将从在 Hive 中与在 HDFS 中两个角度来分析小文件所带来的影响。

(1) 从 Hive 的角度看,由于小文件会开启很多 Map,同时一个 Map 开启一个 JVM 去执行任务,所以这些任务的初始化、启动、执行会浪费大量的资源,严重影响性能。

(2) 在 HDFS 中,每个小文件对象约占 150B,如果小文件过多,则会占用大量内存,会直接影响 NameNode 的性能,相对地,如果 HDFS 读写小文件,则会更加耗时,因为每次都需要从 NameNode 中获取元信息,并与对应的 DataNode 建立连接,如果 NameNode 在宕机中回复,则需要更多的时间从元数据文件中加载。

4. 小文件治理过程

1) 使用 Spark 3 合并小文件

Spark 3 能够通过 AQE 特性自动合并较小的分区,对于动态分区写入 Spark 3.2+引入的 Rebalance 操作，借助于 AQE 来平衡分区，进行分区合并和倾斜分区拆分，避免分区数据过大或过小，能够很好地处理小文件问题。

2）Distribute By Rand()优化

Distribute By Rand()用来控制分区中的数据量，使 Spark SQL 的执行计划中多一个 Shuffle，用于代码结尾（Distribute by 用来控制 Map 输出结果的分发，即 Map 端将数据拆分给 Reduce 端。会根据 Distribute by 后边定义的列，根据 Reduce 的个数进行数据分发，默认为采用哈希算法。当 Distribute by 后边跟的列是 Rand()时，可以保证每个分区的数据量基本一致）。

3）添加小文件回刷任务

对于 API、Kafka、实时等情况可在执行任务后添加小文件回刷任务，用来合并小文件，本质上也是回刷分区合并小文件任务，以此去处理小文件，以便保障从数据源开始小文件不流向下游，如图 7-4 所示。

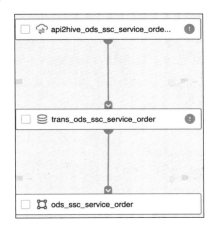

图 7-4　小文件回刷任务展示图

小文件回刷，代码如下：

```
    -- 小文件回刷代码
set hive.exec.dynamic.partition.mode = nonstrict;
set spark.sql.hive.convertInsertingPartitionedTable = false;
insert overwrite table xxx.ods_kafka_xxxx partition(ds)
select id
      ,xxx_date
      ,xxx_type
      ,ds
from xxx.ods_kafka_xxxx
where ds = '${lst1date}'  -- t-1 的参数
```

5. 小文件治理后的维护

后续可通过小文件治理平台观测小文件数量及每日小文件数量的增长趋势,这里使用网易 Easy Data 中数据治理服务-小文件治理为读者讲解,平台图展示如图 7-5 所示。

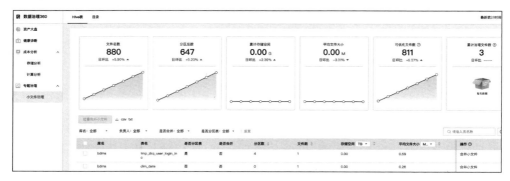

图 7-5　网易 Easy Data 数据治理 360 小文件分析图

(1) 合并小文件功能:实际上是通过用户配置自动化生成计算引擎 Spark 3 调度任务,每天会调度任务(这里实现了与凌晨线上任务错峰,避免争抢资源),将数据写入新创建的临时表,再对数据进行校验,如果校验失败,则回滚,如校验成功,则将数据写入线上数据模型中(保障数据质量,避免 Bug 产生),如图 7-6 所示。

图 7-6　网易 Easy Data 数据治理 360 小文件合并策略图

(2) 任务运维:等同于日常的离线任务运维,可看合并小文件任务的执行情况。

(3) 数据趋势:是指任务中文件总数优化趋势,不同于大盘优化趋势展示。

7.4 推动上下游开展数据治理活动方法

企业可以通过建立数据治理组织架构，从数据管理组织架构、制度和流程、数据质量标准3方面开展工作，推动各业务系统、各业务条线建立完善的数据质量管理体系。

（1）数据管理组织架构：在企业内部，需要建立数据治理组织，对数据进行全生命周期管理，将其纳入统一规划和领导下的全面管控；在企业外部，需要根据内外部信息需求制定统一标准、规范和要求，提升企业外部监管能力。

（2）制度和流程：在内部，需要建立一套科学、规范、严谨的规章制度，以此来规范业务系统的流程；在外部，需要加强内外部沟通与协作机制。

（3）数据质量标准：在数据质量指标方面，企业可以根据自身现状制定一套适合自己企业的数据质量指标体系；在数据质量控制方面，可以采用多种技术手段控制数据源头；在分析报告方面，要对各类分析结果进行深度挖掘；对于业务系统的运行、维护和管理人员要加强培训等。

7.5 数据治理思考与沉淀

对于数据治理每人都有自己的见解和自己的方法及业内DAMA数据治理体系等，在早期业务发展时，可以靠着流程、人力、标准等评估，随着业务发展成熟，靠着上述理论远远不足以支撑治理量，需要更多工具、平台接入，加速治理节奏，从而使人力投入更少，治理内容更多，效果更好。

第 8 章

实时技术

8.1 实时数据仓库搭建背景

随着大数据时代的到来，对数据量的增长和数据处理的速度要求越来越高。离线数据仓库在时效性方面已经无法满足企业的需求，因此实时数据仓库应运而生。实时数据仓库可以快速地处理大量数据，并在最短的时间内提供实时的分析结果，帮助企业做出更加准确和及时的决策。

搭建实时数据仓库的目的是让企业能够在实时或近实时的情况下获取最新的数据信息，以便更好地优化业务流程、提高企业运营效率、增强竞争力。实时数据仓库可以使企业及时获取数据信息并将其转换为有用的知识及洞察，以便更快速、更准确地进行决策。

实时数据仓库是指一个能够支持快速数据处理和即时数据查询分析的系统。它采用流式数据处理技术，可以在数据到达时立即进行处理，并将处理后的数据保存在数据仓库中，以供后续分析使用。实时数据仓库与传统数据仓库不同，主要体现在数据处理方式不同、处理数据类型不同、数据处理速度不同。

（1）离线数据仓库采用批处理方式，需要周期性地对数据进行处理和更新，而实时数据仓库采用流式数据处理方式，能够实时地处理数据并提供实时的查询分析结果。

（2）离线数据仓库主要处理结构化数据，而实时数据仓库还可以处理半结构化和非结构化数据，如文本、图像、码流等多媒体数据。

（3）离线数据仓库需要周期性地进行批处理，数据处理速度相对较慢，而实时数据仓库采用流式数据处理方式，能够快速地处理数据并提供实时的查询结果。

实时数据仓库的意义和优势主要体现在可以让企业在最短的时间内获取最新数据信息，以便更快速、更准确地进行决策；更好地理解市场需求和客户行为，从而更好地满足客户需求；更好地分析业务流程，并从中发现问题和机会，以及时进行调整及优化；还可以进行多维度分析,对企业运营、客户、产品等方面进行深入分析,支持更全面的决策制定。

8.2 实时架构及组件

实时数据仓库的架构和组件是实现实时数据处理的基础。实时数据仓库的架构与离线数据仓库的架构不同,通常分为三层:数据采集层、数据处理层和数据展示层。数据采集层负责从各种数据源中收集数据,数据处理层将原始数据转换为可分析的数据,数据展示层则展示数据分析结果。

8.2.1 实时数据仓库架构

实时数据仓库中有几种常见的实时数据仓库架构,每种架构都有其优缺点和适用场景。选择适合自己业务需求的架构取决于数据规模、处理需求、实时性要求及可用的技术栈等因素。根据具体情况结合不同的架构模式来构建定制化的实时数据仓库架构。

(1) Lambda 架构:一种将批处理和流处理结合起来的架构。它包括一个批处理层和一个实时处理层,两者分别处理历史数据和实时数据,并将结果合并为最终的查询结果。批处理层通常使用 Hadoop 生态系统(如 HDFS 和 MapReduce)进行离线批处理,而实时处理层则使用流处理引擎(如 Apache Flink、Apache Spark)进行实时数据处理。Lambda 架构的优点是能够处理大量的历史数据和实时数据,提供低延迟和高可靠性的查询结果。

Lambda 架构的优缺点见表 8-1。

表 8-1 Lambda 架构的优缺点

优 点	缺 点
支持离线批处理和实时流处理,能够处理历史数据和实时数据	架构复杂,需要维护和管理批处理层和实时处理层两部分
提供了低延迟和高可靠性的查询结果	存在数据一致性的问题,批处理层和实时处理层之间需要进行数据合并和去重操作
可以使用成熟的 Hadoop 生态系统工具和技术,如 HDFS 和 MapReduce	需要维护两套不同的代码和工作流程,增加了开发和维护的复杂性

(2) Kappa 架构:一种基于流处理的架构,它将所有数据都视为流数据,无论是实时数据还是历史数据。Kappa 架构使用流处理引擎(如 Apache Flink、Apache Kafka、Apache Spark)来处理所有数据,并将处理结果直接写入持久化存储(如 Apache HBase、Elasticsearch)。

Kappa架构的优点是降低了架构的复杂性,减少了批处理和实时处理之间的差异,提供了低延迟的查询结果。

Kappa架构的优缺点见表8-2。

表8-2 Kappa架构的优缺点

优　　点	缺　　点
简化了架构的复杂性,只有一个流处理层,处理所有的数据	不适用于处理大量的历史数据,因为历史数据需要通过流处理重新进行处理
提供低延迟的处理和查询能力	没有明确的数据分层,无法区分历史数据和实时数据
适用于对实时性要求较高的场景,例如流式数据分析和实时监控	可能会面临数据一致性的问题,因为只有流处理层来处理所有数据

(3) Delta架构:一种将批处理和增量处理结合起来的数据湖架构。它包括一个批处理层和一个增量处理层,批处理层用于处理历史数据,增量处理层用于处理实时数据。增量处理层使用流处理引擎(如 Apache Flink、Apache Hudi、Apache Iceberg、Apache Paimon)来处理实时数据,并将结果存储在实时查询层。批处理层则使用 Hadoop 生态系统(如 HDFS 和 MapReduce)进行离线批处理,并将结果合并到实时查询层。Delta 架构的优点是能够处理历史数据和实时数据,提供低延迟和高可靠性的查询结果。

Delta架构的优缺点见表8-3。

表8-3 Delta架构的优缺点

优　　点	缺　　点
结合了批处理和增量处理,能够处理历史数据和实时数据	架构复杂,需要维护和管理批处理层和增量处理层两部分
提供低延迟的处理和查询能力	需要进行数据合并和去重操作,以保持数据一致性
可以使用成熟的Hadoop生态系统工具和技术	增加了开发和维护的复杂性,需要处理增量处理和批处理之间的交互

Lambda架构适用于需要处理大规模历史数据和实时数据,并且对查询结果的低延迟和高可靠性要求较高的场景。

在在线广告分析中,Lambda架构可以同时处理过去的广告单击数据和实时的广告单击数据,提供实时的广告分析结果。批处理层可以进行历史数据的离线计算和聚合,而实时处理层可以进行实时的单击流处理和分析。

Kappa架构适用于需要实时处理大规模流数据,并且需要提供低延迟的数据处理和查询能力的场景。

在物联网(IoT)数据分析中,Kappa架构非常适合处理大量的实时传感器数据,对数据进行实时处理和分析。通过流处理层,可以实时监测和分析设备传感器数据,例如温度、湿度等,从而实现实时的故障检测、预测维护等功能。

Delta 架构适用于需要处理历史数据和实时数据,并且需要提供低延迟和高可靠性的查询结果的场景。

在金融交易领域中,Delta 架构可以同时处理历史的交易数据和实时的交易数据,提供实时的交易分析。增量处理层可以对实时交易数据进行流式处理和分析,而批处理层可以对历史交易数据进行离线计算和分析,最终将结果合并为实时查询层,供用户进行查询和分析。

8.2.2 实时数据仓库组件

实时数据仓库组件通常包括数据采集组件、实时计算组件、数据存储组件和数据展示组件。数据采集组件包括数据抽取、数据转换和数据加载等功能,负责从各种数据源中采集数据并将其转换为可分析的数据格式。

常见的数据采集工具包括 Flume、Kafka、Logstash 等。例如,使用 Flume 可以从 Web 服务器上实时抓取日志,并将其转换为可分析的数据格式,以便进行后续的实时计算和展示。

实时计算组件负责实时计算和分析数据,并将结果推送到数据展示层。Spark Streaming、Flink 等是常见的实时计算框架。例如,使用 Spark Streaming 可以实时处理数据流,计算实时结果,并将结果推送到数据展示层,以便进行可视化分析。

数据存储组件负责存储数据,包括实时数据存储和历史数据存储。HBase、Cassandra、Elasticsearch、Doris、ClickHouse 等是常见的数据存储技术。例如,使用 HBase 可以实现实时数据存储,并支持快速查询和分析,而 Cassandra 则适合大规模的分布式数据存储,可以轻松扩展存储能力。

数据展示组件负责展示数据分析结果,包括可视化分析、报表和仪表盘等。常见的数据展示工具包括 Tableau、Power BI、SuperSet 等。例如,使用 Tableau 可以构建交互式仪表盘,帮助用户快速地理解数据分析结果,而 Power BI 则提供了丰富的可视化图表和报表功能,使数据展示更加生动形象。

8.3 实时开发流程

实时数据仓库的开发流程通常包括以下几个步骤:
(1) 根据业务需求和数据分析需求,确定需要采集的数据和数据处理的方式。

(2) 根据需求采集数据并将其转换为可分析的数据格式。

(3) 根据需求实时计算和分析数据,并将结果推送到数据展示层。

(4) 将数据存储到实时数据仓库中,并进行数据管理和维护。

(5) 使用数据展示组件展示数据分析结果,并进行数据分析和优化。

实时数据仓库的开发流程通常包括数据需求分析、数据采集和转换、实时计算和分析、数据存储和管理、数据展示和分析 5 个步骤。

首先,需要根据业务需求和数据分析需求,确定需要采集的数据和数据处理方式,然后进行数据采集和转换,将采集到的数据转换为可分析的格式。接下来,进行实时计算和分析,使用实时计算组件进行实时计算和分析,并将结果推送到数据展示层。同时,将数据存储到实时数据仓库中,并进行数据管理和维护。最后,使用数据展示组件展示数据分析结果,并对数据进行分析和优化。

在每个步骤中,还需要进一步地进行详细设计和实现。例如,在数据采集和转换阶段,需要选择合适的数据采集工具和数据转换技术;在实时计算和分析阶段,需要选择合适的实时计算框架和算法;在数据存储和管理阶段,需要选择合适的数据存储技术和数据管理策略;在数据展示和分析阶段,则需要选择合适的数据展示工具和数据分析方法。整个开发流程需要根据具体业务场景进行定制化设计和实现。

下面是一个 Doris 实时数据仓库应用场景例子,该案例是某企业的用户行为分析。该实时数据仓库需要采集用户在电商平台的单击流、购买行为、评论等多种数据,并将其转换为可分析的数据格式,例如使用 Flume 进行数据采集和 Logstash 进行数据转换,然后使用 Doris 作为数据存储组件,将实时数据存储到 Doris 中,并进行数据管理和维护。接下来,使用 Spark Streaming 和 Flink 等实时计算框架进行实时计算和分析,例如统计用户的购买转化率、留存率、评论情感分析等指标,并将结果推送到数据展示层。最后,使用 Tableau 或 Power BI 等数据展示工具,对分析结果进行可视化展示,以便业务部门进行数据分析和决策。通过这个实时数据仓库的搭建与应用,电商平台能够准确地了解用户行为,提升服务质量和营销效果。

为了方便说明,这里给出一个简单的某企业用户行为数据样例(数据已进行删减处理,仅供参考)。

单击行为数据展示,代码如下:

```
-- 单击行为数据展示
{
    "user_id": "123456",
    "action_type": "click",
    "product_id": "1001",
```

```
    "category_id": "101",
    "brand_id": "1",
    "price": 100.0,
    "timestamp": 1621920898,
    "location": {
        "lat": 40.712776,
        "lon": -74.005974
    },
    "device": {
        "os": "Windows",
        "browser": "Chrome"
    }
}
```

购买行为数据展示,代码如下:

```
-- 购买行为数据展示
{
    "user_id": "123456",
    "action_type": "purchase",
    "product_id": "1001",
    "category_id": "101",
    "brand_id": "1",
    "price": 100.0,
    "timestamp": 1621920898,
    "location": {
        "lat": 40.712776,
        "lon": -74.005974
    },
    "device": {
        "os": "Windows",
        "browser": "Chrome"
    }
}
```

评论行为数据展示,代码如下:

```
-- 评论行为数据展示
{
    "user_id": "123456",
    "action_type": "comment",
    "product_id": "1001",
    "category_id": "101",
    "brand_id": "1",
    "comment_text": "这个商品很好,值得购买。",
    "timestamp": 1621920898,
    "location": {
        "lat": 40.712776,
```

```
            "lon": -74.005974
        },
        "device": {
            "os": "Windows",
            "browser": "Chrome"
        }
}
```

其中,user_id 表示用户 ID,action_type 表示用户行为类型,包括单击、购买、评论等,product_id 表示商品 ID,category_id 表示商品所属类别 ID,brand_id 表示商品品牌 ID,price 表示商品价格,timestamp 表示行为发生时间戳,location 表示用户地理位置信息,device 表示用户设备信息,包括操作系统和浏览器类型。

需要注意的是,这只是一个示例,在实际应用中可能还有其他的字段,例如订单号、支付方式等。在实际应用中,还需要考虑数据质量和数据安全等问题,例如对重复数据进行去重、对异常数据进行过滤、对敏感数据进行加密保护等。

采集代码配置文件内容,代码如下(使用 Flume):

```
-- 采集代码配置文件内容
agent1.sources = source1
agent1.channels = channel1
agent1.sinks = sink1

agent1.sources.source1.type = netcat
agent1.sources.source1.bind = localhost
agent1.sources.source1.port = 9999

agent1.channels.channel1.type = memory

agent1.sinks.sink1.type = avro
agent1.sinks.sink1.hostname = localhost
agent1.sinks.sink1.port = 9090
agent1.sinks.sink1.batch-size = 100
agent1.sinks.sink1.channel = channel1
```

在 Flume 的配置文件中使用了 Avro 作为 Sink 类型,并且将输出的数据发送给了一个具有 Avro Schema 的服务器端。这个服务器端会将数据写入 Kafka 中。Flume 通过 Avro 协议将数据发送给服务器端,服务器端再将数据写入 Kafka 中。服务器端的代码如下:

```
-- 服务器端代码
public class AvroServer {
    public static void main(String[] args) throws Exception {
        Server server = new NettyServer(new SpecificResponder(AvroSchema.getClassSchema(),
new AvroHandler()));
```

```
        server.start();
    }
}

class AvroHandler implements AvroSchema {

    private Producer<String, String> producer;

    public AvroHandler() {
        Properties props = new Properties();
        props.put("Bootstrap.servers", "localhost:9092");
        props.put("acks", "all");
        props.put("retries", 0);
        props.put("batch.size", 16384);
        props.put("linger.ms", 1);
        props.put("buffer.memory", 33554432);
        props.put("key.serializer", "org.apache.kafka.common.serialization.StringSerializer");
        props.put("value.serializer", "org.apache.kafka.common.serialization.StringSerializer");

        this.producer = new KafkaProducer<>(props);
    }

    @Override
    public CharSequence send(CharSequence data) throws AvroRemoteException {
        producer.send(new ProducerRecord<>("topic", null, data.toString()));
        return "OK";
    }
}
```

在这个代码中,使用了 Avro 协议来传输数据,并将数据发送到 Kafka 中。AvroHandler 类实现了 Flume 定义的 AvroSchema 接口,通过 org.apache.kafka.clients.producer.KafkaProducer 将数据写入 Kafka 中。

需要注意的是这只是一个简单的示例,在实际应用中可能会更加复杂。例如,可能需要对数据进行分区、调整批量大小、处理异常等问题。也需要考虑数据安全可靠等方面的问题。

Doris 建表语句,示例代码如下:

```
-- Doris 建表语句
CREATE TABLE user_behavior (
    user_id VARCHAR(255),
    action_type VARCHAR(255),
    click_count VARCHAR(255),
    purchase_count VARCHAR(255),
```

```
    `timestamp` BIGINT,
    PRIMARY KEY (user_id, timestamp)
) ENGINE = OLAP;
```

以下是用于存储评论数据的建表语句：

```
-- 存储评论数据建表语句
CREATE TABLE comments (
    comment_id VARCHAR(255),
    user_id VARCHAR(255),
    product_id VARCHAR(255),
    content TEXT,
    create_time BIGINT,
    sentiment_score DOUBLE,
    PRIMARY KEY (comment_id)
) ENGINE = OLAP;
```

创建了一个名为 Comments 的表，包括 6 个字段：comment_id 表示评论 ID、user_id 表示用户 ID、product_id 表示商品 ID、content 表示评论内容、create_time 表示评论创建时间、sentiment_score 表示该评论的情感分数。将 comment_id 设置为主键，以便可以快速地查询某个评论的详细信息。

从 Kafka 到 Doris 的代码如下：

```
-- Kafka 到 Doris 的代码
val env = StreamExecutionEnvironment.getExecutionEnvironment

val properties = new Properties()
properties.setProperty("Bootstrap.servers", "localhost:9092")
properties.setProperty("group.id", "flink-group")

val dataStream = env.addSource(new FlinkKafkaConsumer[String]("topic", new SimpleStringSchema(), properties))

val resultStream = dataStream
  .filter(data => data != null && data.nonEmpty)
  .map(data => {
    val json = JSON.parseObject(data)
    (json.getString("user_id"), json.getString("action_type"), json.getString("product_id"), json.getLong("timestamp"))
  })
  .keyBy(_._1)
  .timeWindow(Time.minutes(5))
  .apply(new WindowFunction[(String, String, String, Long), (String, String, Long, Long, Long), Tuple, TimeWindow] {
    override def apply(key: Tuple, window: TimeWindow, input: Iterable[(String, String, String, Long)], out: Collector[(String, String, Long, Long, Long)]): Unit = {
```

```
      val userId = key.getField[String](0)
      var clickCount = 0L
      var purchaseCount = 0L
      var latestTimestamp = 0L
      for ((_, actionType, _, timestamp) <- input) {
        if (actionType == "click") {
          clickCount += 1
        } else if (actionType == "purchase") {
          purchaseCount += 1
        }
        latestTimestamp = Math.max(latestTimestamp, timestamp)
      }
      out.collect((userId, actionType,clickCount, purchaseCount,latestTimestamp))
    }
  })
resultStream.addSink(new DorisSink[(String, String,Long, Long,Long)](
  "jdbc:mysql://localhost:9030/doris",
  "user_behavior",
  new DorisOutputFormatBuilder[(String, String,Long, Long,Long)]()
    .setFieldNames("user_id", "action_type","click_count", "purchase_count","timestamp")
    .build()
))
```

在上述代码中,使用了 Flink 的 DorisSink 将结果数据写入 Doris 中,其中 user_behavior 表示要写入的表名,setFieldNames()方法用于设置要写入的列名称。在实际应用中,还需要考虑数据分区、批量写入、异常处理等问题,需要根据具体情况进行调整。

统计用户的购买转化率、留存率、评论情感分析等指标,实现购买转化率(Conversion Rate)的代码如下:

```
-- 统计购买转化率代码
WITH user_actions AS (
    SELECT
        user_id,
        MAX(CASE WHEN action_type = 'purchase' THEN 1 ELSE 0 END) AS has_purchase
    FROM user_behavior
    WHERE DATE(timestamp) BETWEEN '2022-01-01' AND '2022-01-31'
    GROUP BY user_id
)
SELECT
    COUNT(DISTINCT CASE WHEN has_purchase = 1 THEN user_id END) * 1.0 / COUNT(DISTINCT user_id) AS conversion_rate
FROM user_actions;
```

这里使用了一个公共表达式(CTE),对用户行为数据按照用户 ID 进行分组,并记录该用户是否有过购买行为。可根据用户购买行为的情况统计购买转化率。

实现留存率(Retention Rate)的代码如下:

```
-- 留存率代码
WITH user_cohort AS (
    SELECT
        user_id,
        DATE_TRUNC('week', MIN(DATE(timestamp))) as cohort_week,
        EXTRACT(WEEK FROM DATE(timestamp)) - EXTRACT(WEEK FROM MIN(DATE(timestamp))) + 1 AS week_number
    FROM user_behavior
    WHERE DATE(timestamp) BETWEEN '2022-01-01' AND '2022-01-31'
    GROUP BY user_id, cohort_week
), retention AS (
    SELECT
        cohort_week,
        week_number,
        COUNT(DISTINCT CASE WHEN week_number = 1 THEN user_id END) AS cohort_size,
        COUNT(DISTINCT CASE WHEN week_number > 1 THEN user_id END) AS retained_users
    FROM user_cohort
    GROUP BY cohort_week, week_number
)
SELECT
    cohort_week,
    week_number,
    retained_users * 1.0 / cohort_size AS retention_rate
FROM retention;
```

这里使用了两个公共表达式(CTE)。对用户行为数据按照用户 ID 和加入时间进行分组,并计算出该用户是第几周加入的。可根据不同周数统计每周的留存率。

评论情感分析,代码如下:

```
-- 评论情感分析代码
SELECT
    product_id,
    CASE
        WHEN sentiment_score > 0.5 THEN 'positive'
        WHEN sentiment_score < 0.5 THEN 'negative'
        ELSE 'neutral'
    END AS sentiment,
    COUNT(*) AS count
FROM comments
GROUP BY product_id, sentiment;
```

这里使用了 Comments 表,并根据情感分数将评论划分为三类:正向、负向和中性。最终,对 product_id 和 sentiment 两个字段进行了分组,并统计了每个组内的评论数。

以上提供的 Doris 实时数据仓库例子涵盖了数据采集、清洗、转换、存储和分析等多个环节,可以用于实现从原始数据到可视化报表的完整数据处理流程。该例子中使用了

Flink 作为数据处理引擎，通过 Kafka 进行数据输入/输出，并将数据存储在 Doris 中进行快速查询和分析。同时，对于用户行为和商品评论数据，还进行了留存率、购买转化率和情感分析等指标的统计和分析。该方案可根据实际业务需求进行扩展及优化，例如增加数据质量控制、采用更高效的存储方式等。

8.4 实时链路优化

实时数据仓库的链路优化是实现实时数据处理的关键。实时数据仓库的链路包括数据采集、数据转换、实时计算和数据展示等环节。优化这些环节可以提高数据处理的速度和准确性。

首先调优主要是为了提高查询性能和响应时间，提高系统吞吐量和并发处理能力。降低资源消耗，例如 CPU、内存和网络带宽等。优化 Flink 代码中的数据处理流程，减少延迟和数据丢失。

在实时数据仓库的链路上可以优化的方面有很多，例如数据采集、数据转换、实时计算、数据展示都可以进行优化。对于采集方面可以使用流式数据采集技术，将数据实时地推送到数据仓库中，避免了传统的批量采集方式的不足。可以使用 Kafka、Flume 等工具进行数据采集，并结合 Flink、Spark 等大数据处理框架进行数据存储、数据转换和计算，并且可以对流式数据进行即时处理，支持基于窗口、聚合等操作，提供更为灵活的数据计算功能。在最后的数据展示上可以使用可视化工具来优化数据展示的方式和界面，提高数据展示的效率。可以使用 ECharts、Tableau、Power BI 等可视化工具，将数据以图表、报表等形式展现出来，为用户提供更直观、更易懂的数据分析与决策支持。

在这里列举出几个 Flink 的优化建议，见表 8-4。

表 8-4　Flink 优化建议

优 化 思 路	优 化 建 议
数据分区	合理划分数据分区和设置任务的并行度，以实现负载均衡和最大化资源利用
算子选择和优化	选择适当的算子来执行特定的数据转换和计算，并使用 Flink 提供的优化技术（如重排、合并等）来优化执行计划
状态管理	合理管理和配置 Flink 中的状态大小和状态后端，以避免内存和磁盘开销过大
异步 I/O	使用异步 I/O 操作来降低等待时间，如异步数据库查询或异步文件系统读写等
缓存和预热	对常用的数据进行缓存和预热，减少访问外部存储系统的次数，提高性能

续表

优化思路	优化建议
并行度配置	根据数据量和计算复杂度合理地设置并行度，以充分利用集群资源，避免资源浪费或出现瓶颈问题
算子链合并	将多个相邻的算子链合并为一个算子，减少序列化和反序列化的开销
任务链划分	将相关的算子划分到同一个任务链中，减少线程切换和网络通信的开销
内部队列大小调整	根据任务处理的速率和延迟需求，调整 Flink 内部队列的大小，以平衡吞吐量和延迟之间的关系
内存分配	合理配置 Flink 任务的内存分配比例，包括堆内内存和堆外内存，并根据任务的特性进行调整
内存管理	使用 Flink 提供的内存管理机制，如使用 Off-Heap 内存或者内存回收策略来优化内存的使用
状态大小控制	控制 Flink 任务中的状态大小，使用 State TTL 或清除过期数据来减少内存的占用
数据序列化	选择高效的序列化机制，如使用二进制格式或基于 FlatBuffers 等
缓存维表	将频繁访问的维表数据缓存到内存中，以减少对外部存储系统的查询次数。可以使用 Flink 的广播变量或自定义缓存机制来实现
异步维表关联	对于大规模的维表，可以采用异步维表关联的方式，通过异步 I/O 操作来提高查询性能和并发处理能力
前置过滤	通过预先过滤维表的数据，将需要的数据加载到内存中进行关联操作，减少数据传输和处理的开销
调整 Checkpoint 间隔	Checkpoint 间隔决定了多久执行一次完整的状态快照。较短的间隔可以提供更频繁的保护，但也会增加处理开销。较长的间隔可以减少开销，但也会增加恢复时间和数据丢失的风险。根据应用程序的需求和容错要求，选择适当的 Checkpoint 间隔
并行 Checkpoint	Flink 支持并行执行 Checkpoint，即同时对多个任务或操作符执行 Checkpoint。可以整体提高 Checkpoint 的吞吐量和性能。通过增加并行度或配置并行 Checkpoint 的最大数量来提高性能。过多的并行 Checkpoint 可能会占用过多的资源，导致系统负载过重
Checkpoint 存储	选择合适的 Checkpoint 存储机制，例如本地文件系统、分布式文件系统（如 HDFS）或远程对象存储（如 S3）
Checkpoint 大小	调整 Checkpoint 的大小，以平衡存储成本和恢复性能。比较小的 Checkpoint 可以提高恢复速度，但也会增加存储开销

在实际应用或开发中，实时数据仓库调优需要综合考虑数据规模、查询需求、资源配置和系统性能指标等因素。可以通过 Web 监控和调优工具来收集性能指标，例如任务的吞吐量、延迟、资源利用率等，以及使用 Flink 提供的配置选项和优化技术来进行调优。同时也可以通过合理的数据模型设计和数据分区策略来减少数据倾斜和提高查询效率。

调优是一个迭代的过程，需要不断地观察性能指标、尝试不同的优化方法和参数配置，并根据实际情况进行调整，如图 8-1 所示。同时，也可以参考 Flink 官方文档和社区资源。

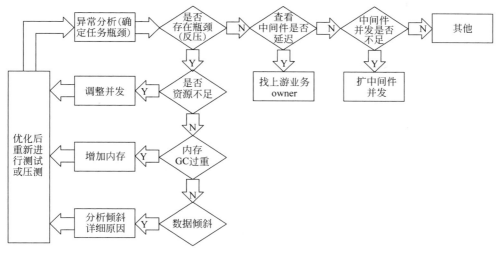

图 8-1 实时任务优化链路图

8.5 实时技术产出量化

量化实时数据仓库的产出是验证实时数据处理的结果。实时数据仓库的技术量化产出包括数据处理速度、数据准确性和数据可用性等指标。通过对这些指标进行量化和分析,可以评估实时数据仓库的性能和效果,并进行优化和改进。

量化实时数据仓库的产出主要可以从数据处理速度、数据的准确性、数据是否可用等角度来衡量。

(1)从数据处理速度的角度来看:可以衡量数据从进入数据仓库到处理完成所需的平均时间。较低的延迟表示数据能够快速地被处理和分析。也可以记录数据处理中的最大延迟时间,用于评估处理速度的最坏情况。衡量系统在单位时间内能够处理的数据量,表示数据处理的能力和效率。

(2)从数据准确性的角度来看:确保数据在进入数据仓库时没有丢失或遗漏,所有数据都被准确地处理和存储。验证数据仓库中的数据与源系统的数据是否一致,确保处理过程中没有数据错误或异常。

(3)从数据可用性的角度来看:评估数据查询的性能和效率,包括查询的响应时间、复杂查询的执行时间等指标。确保数据仓库中的数据能够在需要时可靠地被访问和使用,不会因系统故障或其他问题而无法获得。

应用篇

第 9 章

数据资产

9.1 数据资产介绍

数据资产建设和沉淀针对的是业务场景下的数据,其中最重要的是使其具备数据化运营和场景化分析能力。通过为用户基础信息、行为信息等内容打标签,实现不同场景下的数据模型建设,以达到易用、易管理的效果。数据资产还可支持下游业务应用、画像建设、人群圈选等内容。

9.2 风险名单数据资产(消费金融业务)

9.2.1 项目背景

该项目的对接业务方是风控中台下的风控策略人员,当前风控中台业务的痛点问题包括内部信贷数据和外部金融信贷数据分散,常用的风险规则不够清晰且新旧切换频率较高,风控策略人员使用风险规则的成本较高,需要时常与数据仓库开发者沟通,由于风控策略人员不懂数据开发,所以会导致使用成本较高,同时风险规则后期无人维护也是一个巨大的痛点问题。数据仓库侧旨在解决风控中台下风控策略人员的数据痛点问题,建设管理体系和风险规则维护体系,以提升使用效率。

9.2.2 项目流程介绍

在项目开始之前需要梳理清楚整体项目的流程,流程包括将风险策略拆解到风险规则、数据源梳理及接入、风险名单明细数据模型开发，ID-Mapping 关系映射将多类型 ID 放入并通过 ONE-ID(唯一 ID)输出，最后通过关联关系扩散拦截未知的风险，支撑下游策略自由组合与风控体系，如图 9-1 所示。

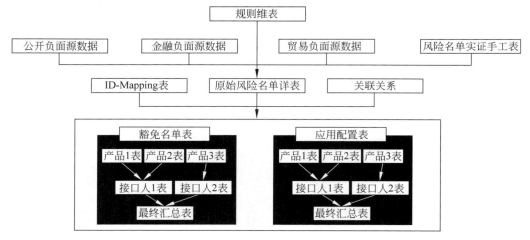

图 9-1 风控名单数据资产流程图

消费金融产品流程如下。

（1）贷前：准入、授信、额度等。

（2）贷中：支用、还款等。

（3）贷后：核销、催收等。

9.2.3 项目流程

1. 现状梳理

（1）数据模型梳理：数据模型信息来源于 3 方面，金融产品信贷交易/合同/准入信息表（内部业务表）、公开负面信息（外部征信数据模型）、经营负面信息（其他第三方征信信息）。

（2）风险规则内容：包括自有金融负面（贷款逾期、坏账等）、公开负面（征信、司法等）、经营负面（店铺违规、工商信息等），对现有风险规则进行拆解以生成规则二类，并与风控策略沟通手工配置相应规则维度表（规则一类到三类、规则内容、规则风险等级、规则来源等）。

2. 模型开发

对当前风险规则及规则周期进行模块化规则配置（例如逾期 30d（最近 30 天）、60d（最近60天)、90d(最近90天)、是否最近180天有坏账、是否被执行限制高消费等),按照不同用户颗粒度(user_id、工商注册号、身份证号(后续脱敏)等)建设相应DWD层风险名单数据模型进行明细数据存放,相同大类不同的规则采用UNION ALL方式写入,对风险规则进行维度退化,并通过规则种类开设二级业务域(模型为二级分区,一级分区为业务日期,二级分区为风险规则ID)。

DWD层风险明细数据模型建表语句,代码如下:

```
-- 风险明细数据模型建表语句
CREATE TABLE IF NOT EXISTS xxx.dwd_rsk_xxx_blklist_df
(
    stat_date            STRING COMMENT '统计日期',
    dw_ins_time          STRING COMMENT '数据插入时间',
    content              STRING COMMENT '名单内容',
    content_type         STRING COMMENT '名单内容类型(工商注册号、手机号、身份证号、用户ID、统一社会信用代码)',
    rule_id              STRING COMMENT '规则ID',
    rule_name            STRING COMMENT '规则英文名称',
    rule_desc            STRING COMMENT '规则中文含义',
    rule_cate_lvl1       STRING COMMENT '规则一级分类',
    rule_cate_lvl2       STRING COMMENT '规则二级分类',
    rule_cate_lvl3       STRING COMMENT '规则三级分类',
    rule_cate_memo       STRING COMMENT '规则分类额外信息',
    rule_level           STRING COMMENT '规则分级',
    rule_source          STRING COMMENT '规则来源',
    crt_time             STRING COMMENT '规则上线时间',
    mdf_time             STRING COMMENT '规则修改时间',
    exp_time             STRING COMMENT '规则下线时间',
    is_mapping           STRING COMMENT '是否通过映射获取',
    is_rela              STRING COMMENT '是否通过关联关系获取',
    attributes           STRING COMMENT '附属信息',
    is_empirical         STRING COMMENT '所属规则是否为事实类规则(有实证或者事实发生)',
    rela_type            STRING COMMENT '关联关系类:0 无关联;1 强关联扩散;2 强关系1度;3 同人扩散;4 同人1度;5 同法人',
    ori_content          STRING COMMENT '初始名单内容',
    ori_content_type     STRING COMMENT '初始名单内容类型'
)
COMMENT '企业金融-风险域-风险名单项目-负面信息名单结果全量表'
PARTITIONED BY
(
    ds                   STRING COMMENT '时间分区',
    rule                 STRING COMMENT '规则分区'
)
;
```

3. 同人同主体扩展

为了后续方便风控策略查询平台用户,在这里使用外部数据进行关联,完成ONE-ID

转化，并生成应用层风险名单以扩散应用数据资产。

4. 关系扩散扩展

为了防止其余风险存在，采用算法团队提供的关联关系算法模型和数据模型（算法开发），并通过风险名单扩散应用数据资产关联转化的方式，对法人、手机号、紧急联系人等信息进行扩散，建设风险名单数据资产，从而达到360度风险拦截。

5. 管理维护

建设风险名单资产门户，引导下游实现自助查询风险规则内容及应用，并建设规则上线维护机制、规则变更维护机制，保障规则口径在数据仓库侧完成统一，提升风控策略人员的配置策略效率。

9.2.4 项目难点

原有风险信息凌乱、底层逻辑繁杂，涉及内部与外部多个数据源，同时未对负面信息按主题进行分类，并且部分外部数据未清洗，从而在模型设计时存在逻辑无法拉齐、外部数据解析较为麻烦、规则难以归类等痛点问题。

9.2.5 项目思考

当前风险名单数据资产问题主要如下：

（1）当前风险名单规则来源于多个代码块，表面上看起来处于隔离状态，但仍然会相互影响，并且日后难扩展。

（2）当前同人同主体、关联关系扩散存在漏洞且部分扩散已不适用，存在对部分白名单用户仍进行扩散等问题，需要后期改造。

（3）当前风险名单DQC（数据质量监控）只存在于风险名单明细表中，如果出现数据问题，则需要从底层数据中探查。

从未来规划去看，应注意以下几点：

（1）当前代码并未做到完全解耦，由不同代码块组成（例如公开负面人员数据信息表、金融负面人员数据信息表），如果其中的一个环节出了问题，则会影响整体任务，如果对数据产出的及时性要求低，则还能满足需求，但对于下游强依赖任务则需要进行解耦，解耦后每条规则变成一个数据模型及一个任务，这样需要将上百条规则通过Python脚本将全部规则同步到汇总规则的数据模型中，同时对于存在的问题，可以采用T-2回填办法进行暂时性处理以保障数据安全产出，同时去处理该问题，做到完全解耦。

(2) 与业务人员沟通，从扩散风险点出发，修复扩散逻辑，防止更多误判事件发生。

(3) 当任务解耦后可为每个规则数据模型制定 DQC（数据质量监控），可从 DQC 内容中找到发生的问题。

9.3 各场景下用户画像体系建设

9.3.1 用户画像介绍

用户画像用于解决把数据转换为商业价值的问题，也就是从海量数据中来挖金炼银。现在大型互联网公司把用户画像技术主要应用于广告、推荐、搜索等方向，也致力于用户统计和数据挖掘，为网民展现一场大型集团大数据的饕餮盛宴，同时给商家和消费者提供了经营和购物参考，其主要应用有以下几点：

(1) 精准营销就是完美解决什么时间（When）把什么内容（What）发送给谁（Who）的问题。要解决这个问题，其实就得依靠用户画像技术，需要去描述用户形象。京东和阿里巴巴通常基于用户浏览、点击、咨询、加关注、放购物车等一系列动作为用户打上多维度标签，然后以邮件、短信、Push、站内信等方式将适合的信息发送给用户。

(2) 用户统计就是根据大量的用户行为数据对行业或人群现象进行描述。例如通过购买口罩、空气净化器等类目的订单表和用户表可以得到不同的雾霾防范指数，这些行业分析报告就是为网民提供描绘大型集团大数据的成果，迎合相应的 IP 热点社会效应，同时可以加强品牌影响力的传播。

(3) 根据用户数据挖掘出一些有用的规律进行决策，数据挖掘就是通过属性关联、聚类算法、多维分析、回归算法等方法，去发现人群与人群、人群与商品、商品与商品、商品与品牌等之间的差异与联系，从而发现并挖掘更大的商机。

(4) 用户画像的另一重要作用就是分析某类目、商店或者品牌的用户群体特征，找出高质量用户，然后更有目标和效果地进行精准广告投放，从而让真正对该品类有兴趣的用户产生更多的点击量和成交量。

9.3.2 项目背景

在大型集团领域中，以 TB 计算的高质量、多维度数据记录着用户大量行为信息，用户画像是对这些数据的分析整合，从而得到用户基础属性、购买能力、行为特征、社交网络、心里特征和兴趣爱好等方面的标签模型,从而指导并驱动业务场景运营,发现及把握在海量用户中的巨大商机。

但是大部分企业没有数据治理经验,基础薄弱,存在数据标准混乱,数据质量参差不齐,以及数据孤岛化等问题,阻碍了数据的有效利用,使数据无法变成数据资产。

很多组织因为数据基础薄弱和应用能力不足,所以导致数据应用刚刚起步,主要在精准营销、舆情感知和风险控制等有限场景中进行了一些探索,数据应用的深度不够,应用空间应该扩大,例如辅助公司管理等。

企业难以评估数据对业务的贡献,从而难以像运营有形资产一样运营数据。产生这个问题的主要原因有两个:一是没有建立起合理的数据价值评估模型;二是数据价值与企业的商业模式密不可分,在不同的应用场景下,同一项数据资产的价值可能截然不同。

如果没有建立一套数据驱动的组织管理制度和流程,以及先进的数据管理平台工具,则会导致数据管理工作很难落地。

9.3.3　项目流程介绍

对于用户画像,各位读者的第一反应是 C 用户端,但其实也有很多情况下是 B 端的用户,所以这些供应商的画像也非常重要。要按照侧重点的不同,分别进行针对性的建设。C 端则可以通过以下方面进行建设。

流程包括用户画像的分类、数据源梳理及接入、资产数据模型开发、ID-Mapping 关系映射将多类型 ID 放入并通过 ONE-ID(唯一 ID)输出等。

用户行为一般来讲主要包含以下行为。

(1) 流量:登录、搜索、点击、转发等。

(2) 售前:价格对比、品牌对比、好评度对比等。

(3) 售中:询问、下单、发货等。

(4) 售后:评论、退货等。

可以从以上 4 大类行为对用户进行画像建设(当然不同公司可能会有更多的用户行为),以判断此用户是属于价格敏感型,还是属于服务敏感型,然后根据这些标签进行一系列应用。

9.3.4　项目流程

1. 现状梳理

由于用户画像项目庞大,并且几乎涉及了整个公司的方方面面,底层数据源非常多,如日志系统、业务系统、支付系统、物流系统、客服系统等,所以在 ODS 层接入时,就要进行梳理,否则会乱成一团(当然在实际工作中,很可能由一个部门负责上述的一个或几个系统,如零售部门负责日志和业务系统,物流部门负责物流系统等)。

在 ODS 层数据接入后,按照维度建模的方式进行建设,并建立相应的一级主题域和二级主题域,将数据分门别类地进行存储、管理。以便后续进行指标建设,ODS 层订单侧建表语句,代码如下:

```
-- ODS 层订单侧建表语句
create external table ods_order_info(
id string comment '订单号',
final_total_amount decimal(16,2) comment '订单金额',
order_status string comment '订单状态',
user_id string comment '用户 ID',
out_trade_no string comment '支付流水号',
create_time string comment '创建时间',
operate_time string comment '操作时间',
province_id string comment '省份 ID',
benefit_reduce_amount decimal(16,2) comment '优惠金额',
original_total_amount decimal(16,2) comment '原价金额',
freight_fee decimal(16,2) comment '运费'
) comment '订单表'
CREATE EXTERNAL TABLE ods_log_inc
(
    `common`   STRUCT < ar :STRING, ba :STRING, ch :STRING, is_new :STRING, md :STRING, mid :STRING, os :STRING, uid :STRING, vc
                      :STRING > COMMENT '公共信息',
    `page`     STRUCT < during_time :STRING, item :STRING, item_type :STRING, last_page_id :STRING, page_id
                      :STRING, source_type :STRING > COMMENT '页面信息',
    `actions`  ARRAY < STRUCT < action_id:STRING, item:STRING, item_type:STRING, ts:BIGINT >>
COMMENT '动作信息',
    `displays` ARRAY < STRUCT < display_type :STRING, item :STRING, item_type :STRING, `order` :STRING, pos_id
                              :STRING >> COMMENT '曝光信息',
    `start`    STRUCT < entry :STRING, loading_time :BIGINT, open_ad_id :BIGINT, open_ad_ms :BIGINT, open_ad_skip_ms
                      :BIGINT > COMMENT '启动信息',
    `err`      STRUCT < error_code:BIGINT, msg:STRING > COMMENT '错误信息',
    `ts`       BIGINT   COMMENT '时间戳'
) COMMENT '活动信息表'
```

对于一些日志数据,可以设计 ODS 层数据模型,如图 9-2 所示。

2. 模型开发

在进行用户打标之前,首先要根据 ODS 层数据模型生成 DWD、DWM 层明细数据模

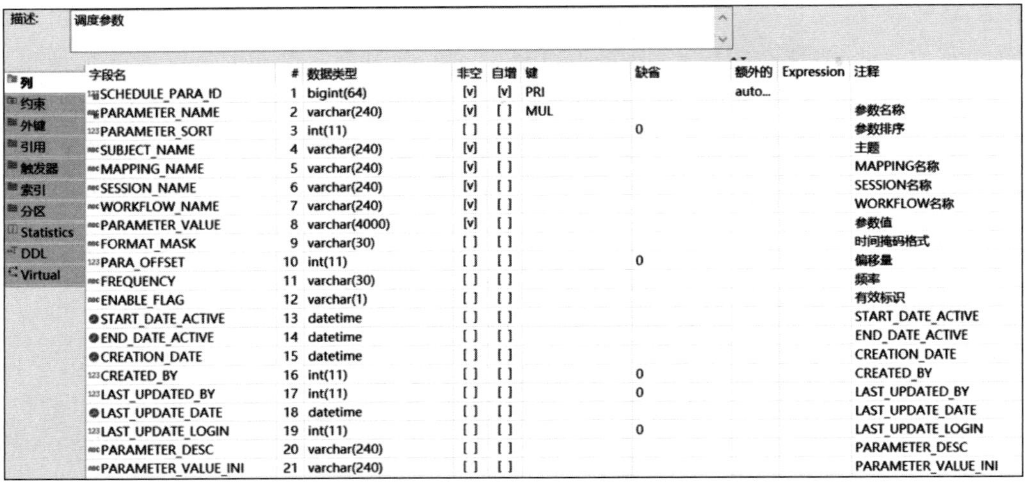

描述:	调度参数							
字段名	#	数据类型	非空	自增	键	缺省	额外的 Expression	注释
SCHEDULE_PARA_ID	1	bigint(64)	[v]	[v]	PRI		auto...	
PARAMETER_NAME	2	varchar(240)	[v]	[ ]	MUL			参数名称
PARAMETER_SORT	3	int(11)	[ ]	[ ]		0		参数排序
SUBJECT_NAME	4	varchar(240)	[v]	[ ]				主题
MAPPING_NAME	5	varchar(240)	[v]	[ ]				MAPPING名称
SESSION_NAME	6	varchar(240)	[v]	[ ]				SESSION名称
WORKFLOW_NAME	7	varchar(240)	[v]	[ ]				WORKFLOW名称
PARAMETER_VALUE	8	varchar(4000)	[v]	[ ]				参数值
FORMAT_MASK	9	varchar(30)	[ ]	[ ]				时间掩码格式
PARA_OFFSET	10	int(11)	[ ]	[ ]		0		偏移量
FREQUENCY	11	varchar(30)	[ ]	[ ]				频率
ENABLE_FLAG	12	varchar(1)	[ ]	[ ]				有效标识
START_DATE_ACTIVE	13	datetime	[ ]	[ ]				START_DATE_ACTIVE
END_DATE_ACTIVE	14	datetime	[ ]	[ ]				END_DATE_ACTIVE
CREATION_DATE	15	datetime	[ ]	[ ]				CREATION_DATE
CREATED_BY	16	int(11)	[ ]	[ ]		0		CREATED_BY
LAST_UPDATED_BY	17	int(11)	[ ]	[ ]		0		LAST_UPDATED_BY
LAST_UPDATE_DATE	18	datetime	[ ]	[ ]				LAST_UPDATE_DATE
LAST_UPDATE_LOGIN	19	int(11)	[ ]	[ ]		0		LAST_UPDATE_LOGIN
PARAMETER_DESC	20	varchar(240)	[ ]	[ ]				PARAMETER_DESC
PARAMETER_VALUE_INI	21	varchar(240)	[ ]	[ ]				PARAMETER_VALUE_INI

图 9-2 ODS层日志数据模型结构图

型,然后对用户的行为按照不同的粒度进行计算,例如下单30d(最近30天)、60d(最近60天)、90d(最近90天)、是否最近180天有投诉等。按照不同的用户颗粒度(user_id、身份证号等)建设相应数据模型,以便存放明细数据,对用户的维度进行退化。

由于数据量较大,因此需要要先对DWM层进行轻度汇总,如果指标过多,则暂时只展示部分内容。

DIM层用户基础信息维度表及DWD及DWM层用户支付明细表建表语句如下:

```
    --DIM层用户基础信息维度表
create external table hive_study_db.dim_user_full
(
user_id string comment '用户ID',
uname string comment '用户姓名',
level bigint comment '用户等级',
phone_number string comment '用户手机号',

) comment '用户信息表'

    --DWD层用户支付明细表
create external table hive_study_db.dwd_order_pay_detail_di(
id string comment '订单号',
final_total_amount decimal(16,2) comment '订单金额',
order_status string comment '订单状态',
user_id string comment '用户ID',
out_trade_no string comment '支付流水号',
create_time string comment '创建时间',
operate_time string comment '操作时间',
province_id string comment '省份ID',
phone_number string comment '用户手机号',
```

```sql
benefit_reduce_amount decimal(16,2) comment '优惠金额',
original_total_amount decimal(16,2) comment '原价金额',
freight_fee decimal(16,2) comment '运费'
) comment '订单表'

-- DWM 层用户下单中间层统计表
create external table hive_study_db.dwm_order_pay_1d(
user_id string comment '用户 ID',
order_id string comment '订单 ID',
log_date string comment '操作日期',
ogv_type_name string comment '来源渠道',
order_cnt_1d bigint comment '当日下单次数'
) comment '订单表'

-- DWM 层用户投诉中间层统计表
create external table hive_study_db.dwm_order_complaint_1d (
user_id string comment '用户 ID',
order_id string comment '订单 ID',
log_date string comment '操作日期',
ogv_type_name string comment '来源渠道',
complaint_cnt_1d bigint comment '当日投诉次数'
) comment '订单表'
```

在建设 DWM 后需要根据业务方提供的需求按照统一指标口径进行加工，数据模型及开发代码如下，由于指标过多，因此暂时只展示部分内容。

```sql
-- DWS 层用户下单多周期统计表
CREATE TABLE IF NOT EXISTS hive_study_db.dws_user_order_nd
(
    user_id     string comment '用户 ID',
    uname       string comment '用户姓名',
    level       int comment '用户等级',
    order_cnt_1d    bigint comment '最近 1 天下单次数',
    order_cnt_3d    bigint comment '最近 3 天下单次数',
    order_cnt_7d    bigint comment '最近 7 天下单次数',
    order_cnt_15d   bigint comment '最近 15 天下单次数',
    order_cnt_30d   bigint comment '最近 30 天下单次数',
    order_cnt_90d   bigint comment '最近 90 天下单次数',
    order_cnt_180d  bigint comment '最近 180 天下单次数',
    web_order_cnt_1d    bigint comment '最近 1 天 Web 端下单次数',
    web_order_cnt_3d    bigint comment '最近 3 天 Web 端下单次数',
    web_order_cnt_7d    bigint comment '最近 7 天 Web 端下单次数',
    web_order_cnt_15d   bigint comment '最近 15 天 Web 端下单次数',
    web_order_cnt_30d   bigint comment '最近 30 天 Web 端下单次数',
    web_order_cnt_90d   bigint comment '最近 90 天 Web 端下单次数',
    web_order_cnt_180d  bigint comment '最近 180 天 Web 端下单次数',
    app_order_cnt_1d    bigint comment '最近 1 天 App 端下单次数',
    app_order_cnt_3d    bigint comment '最近 3 天 App 端下单次数',
```

```sql
    app_order_cnt_7d    bigint comment '最近 7 天 App 端下单次数',
    app_order_cnt_15d   bigint comment '最近 15 天 App 端下单次数',
    app_order_cnt_30d   bigint comment '最近 30 天 App 端下单次数',
    app_order_cnt_90d   bigint comment '最近 90 天 App 端下单次数',
    app_order_cnt_180d  bigint comment '最近 180 天 App 端下单次数'
)
COMMENT 'DWS 层用户下单结果表'

-- DWS 层用户投诉统计表
CREATE TABLE IF NOT EXISTS hive_study_db.dws_user_complaint_nd
(
    user_id   string comment '用户 ID',
    uname     string comment '用户姓名',
    level     int comment '用户等级',
    complaint_cnt_1d    bigint comment '最近 1 天投诉次数',
    complaint_cnt_3d    bigint comment '最近 3 天投诉次数',
    complaint_cnt_7d    bigint comment '最近 7 天投诉次数',
    complaint_cnt_15d   bigint comment '最近 15 天投诉次数',
    complaint_cnt_30d   bigint comment '最近 30 天投诉次数',
    complaint_cnt_90d   bigint comment '最近 90 天投诉次数',
    complaint_cnt_180d  bigint comment '最近 180 天投诉次数',
    web_complaint_cnt_1d    bigint comment '最近 1 天 Web 端投诉次数',
    web_complaint_cnt_3d    bigint comment '最近 3 天 Web 端投诉次数',
    web_complaint_cnt_7d    bigint comment '最近 7 天 Web 端投诉次数',
    web_complaint_cnt_15d   bigint comment '最近 15 天 Web 端投诉次数',
    web_complaint_cnt_30d   bigint comment '最近 30 天 Web 端投诉次数',
    web_complaint_cnt_90d   bigint comment '最近 90 天 Web 端投诉次数',
    web_complaint_cnt_180d  bigint comment '最近 180 天 Web 端投诉次数',
    app_complaint_cnt_1d    bigint comment '最近 1 天 App 端投诉次数',
    app_complaint_cnt_3d    bigint comment '最近 3 天 App 端投诉次数',
    app_complaint_cnt_7d    bigint comment '最近 7 天 App 端投诉次数',
    app_complaint_cnt_15d   bigint comment '最近 15 天 App 端投诉次数',
    app_complaint_cnt_30d   bigint comment '最近 30 天 App 端投诉次数',
    app_complaint_cnt_90d   bigint comment '最近 90 天 App 端投诉次数',
    app_complaint_cnt_180d  bigint comment '最近 180 天 App 端投诉次数'
)
COMMENT 'DWS 层用户投诉结果表'
    -- DWS 层用户下单统计表代码
insert overwrite table hive_study_db.dws_user_order_nd partition (ds = '${lst1date}')
SELECT
    tt1.user_id,
    tt1.uname,
    tt1.level,
-- 下单情况
    -- 总下单情况
```

```sql
        COALESCE(tt2.order_cnt_1d,0) as order_cnt_1d,
        COALESCE(tt2.order_cnt_3d,0) as order_cnt_3d,
        COALESCE(tt2.order_cnt_7d,0) as order_cnt_7d,
        COALESCE(tt2.order_cnt_15d,0) as order_cnt_15d,
        COALESCE(tt2.order_cnt_30d,0) as order_cnt_30d,
        COALESCE(tt2.order_cnt_90d,0) as order_cnt_90d,
        COALESCE(tt2.order_cnt_180d,0) as order_cnt_180d,
        -- Web 总下单情况
        COALESCE(tt2.web_order_cnt_1d,0) as web_order_cnt_1d,
        COALESCE(tt2.web_order_cnt_3d,0) as web_order_cnt_3d,
        COALESCE(tt2.web_order_cnt_7d,0) as web_order_cnt_7d,
        COALESCE(tt2.web_order_cnt_15d,0) as web_order_cnt_15d,
        COALESCE(tt2.web_order_cnt_30d,0) as web_order_cnt_30d,
        COALESCE(tt2.web_order_cnt_90d,0) as web_order_cnt_90d,
        COALESCE(tt2.web_order_cnt_180d,0) as web_order_cnt_180d,
        -- App 总下单情况
        COALESCE(tt2.app_order_cnt_1d,0) as app_order_cnt_1d,
        COALESCE(tt2.app_order_cnt_3d,0) as app_order_cnt_3d,
        COALESCE(tt2.app_order_cnt_7d,0) as app_order_cnt_7d,
        COALESCE(tt2.app_order_cnt_15d,0) as app_order_cnt_15d,
        COALESCE(tt2.app_order_cnt_30d,0) as app_order_cnt_30d,
        COALESCE(tt2.app_order_cnt_90d,0) as app_order_cnt_90d,
        COALESCE(tt2.app_order_cnt_180d,0) as app_order_cnt_180d
FROM
    (
        -- 用户维度表
        SELECT
            tb1.user_id,
            tb1.uname,
            tb1.level
        FROM
            hive_study_db.dim_user_full tb1
        where   ds = '${lst1date}'
    ) tt1
left join
    (
        -- 每日下单情况
        SELECT
            tb1.user_id as user_id,
            -- 总下单情况
            sum(case when tb1.log_date >= '<%= log_date %>' and tb1.log_date <= '<%= log_date %>' then tb1.order_cnt_1d else 0 end) as order_cnt_1d, -- 1 天前至昨天总下单情况
            sum(case when tb1.log_date >= '<%= log_date - 3 %>' and tb1.log_date <= '<%= log_date %>' then tb1.order_cnt_1d else 0 end) as order_cnt_3d, -- 3 天前至昨天总下单情况
            sum(case when tb1.log_date >= '<%= log_date - 7 %>' and tb1.log_date <= '<%= log_date %>' then tb1.order_cnt_1d else 0 end) as order_cnt_7d, -- 7 天前至昨天总下单情况
            sum(case when tb1.log_date >= '<%= log_date - 15 %>' and tb1.log_date <= '<%= log_date %>' then tb1.order_cnt_1d else 0 end) as order_cnt_15d, -- 15 天前至昨天总下单情况
```

```sql
            sum(case when tb1.log_date >= '<% = log_date - 30 %>' and tb1.log_date <= '<% =
log_date %>' then tb1.order_cnt_1d else 0 end) as order_cnt_30d, -- 30 天前至昨天总下单情况
            sum(case when tb1.log_date >= '<% = log_date - 60 %>' and tb1.log_date <= '<% =
log_date %>' then tb1.order_cnt_1d else 0 end) as order_cnt_60d, -- 60 天前至昨天总下单情况
            sum(case when tb1.log_date >= '<% = log_date - 90 %>' and tb1.log_date <= '<% =
log_date %>' then tb1.order_cnt_1d else 0 end) as order_cnt_90d, -- 90 天前至昨天总下单情况
            sum(case when tb1.log_date >= '<% = log_date - 180 %>' and tb1.log_date <=
'<% = log_date %>' then tb1.order_cnt_1d else 0 end) as order_cnt_180d, -- 180 天前至昨天总
下单情况
            -- Web 总下单情况
            sum(case when tb1.ogv_type_name = 'web' and tb1.log_date >= '<% = log_date %>'
and tb1.log_date <= '<% = log_date %>' then tb1.order_cnt_1d else 0 end) as web_order_cnt_
1d, -- 1 天前至昨天 Web 总下单情况
            sum(case when tb1.ogv_type_name = 'web' and tb1.log_date >= '<% = log_date -
3 %>' and tb1.log_date <= '<% = log_date %>' then tb1.order_cnt_1d else 0 end) as web_order_
cnt_3d, -- 3 天前至昨天 Web 总下单情况
            sum(case when tb1.ogv_type_name = 'web' and tb1.log_date >= '<% = log_date -
7 %>' and tb1.log_date <= '<% = log_date %>' then tb1.order_cnt_1d else 0 end) as web_order_
cnt_7d, -- 7 天前至昨天 Web 总下单情况
            sum(case when tb1.ogv_type_name = 'web' and tb1.log_date >= '<% = log_date -
15 %>' and tb1.log_date <= '<% = log_date %>' then tb1.order_cnt_1d else 0 end) as web_order_
cnt_15d, -- 15 天前至昨天 Web 总下单情况
            sum(case when tb1.ogv_type_name = 'web' and tb1.log_date >= '<% = log_date -
30 %>' and tb1.log_date <= '<% = log_date %>' then tb1.order_cnt_1d else 0 end) as web_order_
cnt_30d, -- 30 天前至昨天 Web 总下单情况
            sum(case when tb1.ogv_type_name = 'web' and tb1.log_date >= '<% = log_date -
60 %>' and tb1.log_date <= '<% = log_date %>' then tb1.order_cnt_1d else 0 end) as web_order_
cnt_60d, -- 60 天前至昨天 Web 总下单情况
            sum(case when tb1.ogv_type_name = 'web' and tb1.log_date >= '<% = log_date -
90 %>' and tb1.log_date <= '<% = log_date %>' then tb1.order_cnt_1d else 0 end) as web_order_
cnt_90d, -- 90 天前至昨天 Web 总下单情况
            sum(case when tb1.ogv_type_name = 'web' and tb1.log_date >= '<% = log_date -
180 %>' and tb1.log_date <= '<% = log_date %>' then tb1.order_cnt_1d else 0 end) as web_order_
cnt_180d, -- 180 天前至昨天 Web 总下单情况
            -- App 总下单情况
            sum(case when tb1.ogv_type_name = 'app' and tb1.log_date >= '<% = log_date %>'
and tb1.log_date <= '<% = log_date %>' then tb1.order_cnt_1d else 0 end) as app_order_cnt_
1d, -- 1 天前至昨天 App 总下单情况
            sum(case when tb1.ogv_type_name = 'app' and tb1.log_date >= '<% = log_date -
3 %>' and tb1.log_date <= '<% = log_date %>' then tb1.order_cnt_1d else 0 end) as app_order_
cnt_3d, -- 3 天前至昨天 App 总下单情况
            sum(case when tb1.ogv_type_name = 'app' and tb1.log_date >= '<% = log_date -
7 %>' and tb1.log_date <= '<% = log_date %>' then tb1.order_cnt_1d else 0 end) as app_order_
cnt_7d, -- 7 天前至昨天 App 总下单情况
            sum(case when tb1.ogv_type_name = 'app' and tb1.log_date >= '<% = log_date -
15 %>' and tb1.log_date <= '<% = log_date %>' then tb1.order_cnt_1d else 0 end) as app_order_
cnt_15d, -- 15 天前至昨天 App 总下单情况
            sum(case when tb1.ogv_type_name = 'app' and tb1.log_date >= '<% = log_date -
30 %>' and tb1.log_date <= '<% = log_date %>' then tb1.order_cnt_1d else 0 end) as app_order_
cnt_30d, -- 30 天前至昨天 App 总下单情况
```

```
            sum(case when tb1.ogv_type_name = 'app' and tb1.log_date >= '<% = log_date -
60 %>' and tb1.log_date <= '<% = log_date %>' then tb1.order_cnt_1d else 0 end) as app_order_
cnt_60d, -- 60 天前至昨天 App 总下单情况
            sum(case when tb1.ogv_type_name = 'app' and tb1.log_date >= '<% = log_date -
90 %>' and tb1.log_date <= '<% = log_date %>' then tb1.order_cnt_1d else 0 end) as app_order_
cnt_90d, -- 90 天前至昨天 App 总下单情况
            sum(case when tb1.ogv_type_name = 'app' and tb1.log_date >= '<% = log_date -
180 %>' and tb1.log_date <= '<% = log_date %>' then tb1.order_cnt_1d else 0 end) as app_order_
cnt_180d -- 180 天前至昨天 App 总下单情况

        FROM
            hive_study_db.dwm_order_pay_1d tb1
    WHERE
        ds = '${lst1date}'
    ) tt2 on tt1.user_id = tt2.user_id



    -- DWS 层用户投诉统计表代码
insert overwrite table hive_study_db.dws_user_complaint_nd partition (ds = '${lst1date}')
SELECT
    tt1.user_id,
    tt1.uname,
    tt1.level,
    -- 投诉情况
    COALESCE(tt3.complaint_cnt_1d,0) as complaint_cnt_1d,
    COALESCE(tt3.complaint_cnt_3d,0) as complaint_cnt_3d,
    COALESCE(tt3.complaint_cnt_7d,0) as complaint_cnt_7d,
    COALESCE(tt3.complaint_cnt_15d,0) as complaint_cnt_15d,
    COALESCE(tt3.complaint_cnt_30d,0) as complaint_cnt_30d,
    COALESCE(tt3.complaint_cnt_90d,0) as complaint_cnt_90d,
    COALESCE(tt3.complaint_cnt_180d,0) as complaint_cnt_180d,
    -- Web 总投诉次数
    COALESCE(tt3.web_complaint_cnt_1d,0) as web_complaint_cnt_1d,
    COALESCE(tt3.web_complaint_cnt_3d,0) as web_complaint_cnt_3d,
    COALESCE(tt3.web_complaint_cnt_7d,0) as web_complaint_cnt_7d,
    COALESCE(tt3.web_complaint_cnt_15d,0) as web_complaint_cnt_15d,
    COALESCE(tt3.web_complaint_cnt_30d,0) as web_complaint_cnt_30d,
    COALESCE(tt3.web_complaint_cnt_90d,0) as web_complaint_cnt_90d,
    COALESCE(tt3.web_complaint_cnt_180d,0) as web_complaint_cnt_180d,
    -- App 总投诉次数
    COALESCE(tt3.app_complaint_cnt_1d,0) as app_complaint_cnt_1d,
    COALESCE(tt3.app_complaint_cnt_3d,0) as app_complaint_cnt_3d,
    COALESCE(tt3.app_complaint_cnt_7d,0) as app_complaint_cnt_7d,
    COALESCE(tt3.app_complaint_cnt_15d,0) as app_complaint_cnt_15d,
    COALESCE(tt3.app_complaint_cnt_30d,0) as app_complaint_cnt_30d,
    COALESCE(tt3.app_complaint_cnt_90d,0) as app_complaint_cnt_90d,
    COALESCE(tt3.app_complaint_cnt_180d,0) as app_complaint_cnt_180d
```

```sql
FROM
    (
        -- 用户维度表
        SELECT
            tb1.user_id,
            tb1.uname,
            tb1.level
        FROM
            hive_study_db.dim_user_full tb1
        where   ds = '${lst1date}'
    ) tt1
left join
    (
        SELECT
            tb1.user_id as user_id,
            -- 总投诉次数
            sum(case when tb1.log_date >= '<%= log_date %>' and tb1.log_date <= '<%= log_date %>' then tb1.complaint_cnt_1d else 0 end) as complaint_cnt_1d, -- 1 天前至昨天总投诉次数
            sum(case when tb1.log_date >= '<%= log_date - 3 %>' and tb1.log_date <= '<%= log_date %>' then tb1.complaint_cnt_1d else 0 end) as complaint_cnt_3d, -- 3 天前至昨天总投诉次数
            sum(case when tb1.log_date >= '<%= log_date - 7 %>' and tb1.log_date <= '<%= log_date %>' then tb1.complaint_cnt_1d else 0 end) as complaint_cnt_7d, -- 7 天前至昨天总投诉次数
            sum(case when tb1.log_date >= '<%= log_date - 15 %>' and tb1.log_date <= '<%= log_date %>' then tb1.complaint_cnt_1d else 0 end) as complaint_cnt_15d, -- 15 天前至昨天总投诉次数
            sum(case when tb1.log_date >= '<%= log_date - 30 %>' and tb1.log_date <= '<%= log_date %>' then tb1.complaint_cnt_1d else 0 end) as complaint_cnt_30d, -- 30 天前至昨天总投诉次数
            sum(case when tb1.log_date >= '<%= log_date - 60 %>' and tb1.log_date <= '<%= log_date %>' then tb1.complaint_cnt_1d else 0 end) as complaint_cnt_60d, -- 60 天前至昨天总投诉次数
            sum(case when tb1.log_date >= '<%= log_date - 90 %>' and tb1.log_date <= '<%= log_date %>' then tb1.complaint_cnt_1d else 0 end) as complaint_cnt_90d, -- 90 天前至昨天总投诉次数
            sum(case when tb1.log_date >= '<%= log_date - 180 %>' and tb1.log_date <= '<%= log_date %>' then tb1.complaint_cnt_1d else 0 end) as complaint_cnt_180d, -- 180 天前至昨天总投诉次数
            -- 总投诉次数
            sum(case when tb1.ogv_type_name = 'web' and tb1.log_date >= '<%= log_date %>' and tb1.log_date <= '<%= log_date %>' then tb1.complaint_cnt_1d else 0 end) as web_complaint_cnt_1d, -- 1 天前至昨天 Web 总投诉次数
            sum(case when tb1.ogv_type_name = 'web' and tb1.log_date >= '<%= log_date - 3 %>' and tb1.log_date <= '<%= log_date %>' then tb1.complaint_cnt_1d else 0 end) as web_complaint_cnt_3d, -- 3 天前至昨天 Web 总投诉次数
            sum(case when tb1.ogv_type_name = 'web' and tb1.log_date >= '<%= log_date - 7 %>' and tb1.log_date <= '<%= log_date %>' then tb1.complaint_cnt_1d else 0 end) as web_complaint_cnt_7d, -- 7 天前至昨天 Web 总投诉次数
```

```sql
            sum(case when tb1.ogv_type_name = 'web' and tb1.log_date >= '<%= log_date - 15 %>' and tb1.log_date <= '<%= log_date %>' then tb1.complaint_cnt_1d else 0 end) as web_complaint_cnt_15d, -- 15 天前至昨天 Web 总投诉次数
            sum(case when tb1.ogv_type_name = 'web' and tb1.log_date >= '<%= log_date - 30 %>' and tb1.log_date <= '<%= log_date %>' then tb1.complaint_cnt_1d else 0 end) as web_complaint_cnt_30d, -- 30 天前至昨天 Web 总投诉次数
            sum(case when tb1.ogv_type_name = 'web' and tb1.log_date >= '<%= log_date - 60 %>' and tb1.log_date <= '<%= log_date %>' then tb1.complaint_cnt_1d else 0 end) as web_complaint_cnt_60d, -- 60 天前至昨天 Web 总投诉次数
            sum(case when tb1.ogv_type_name = 'web' and tb1.log_date >= '<%= log_date - 90 %>' and tb1.log_date <= '<%= log_date %>' then tb1.complaint_cnt_1d else 0 end) as web_complaint_cnt_90d, -- 90 天前至昨天 Web 总投诉次数
            sum(case when tb1.ogv_type_name = 'web' and tb1.log_date >= '<%= log_date - 180 %>' and tb1.log_date <= '<%= log_date %>' then tb1.complaint_cnt_1d else 0 end) as web_complaint_cnt_180d, -- 180 天前至昨天 Web 总投诉次数
            -- 总投诉次数
            sum(case when tb1.ogv_type_name = 'app' and tb1.log_date >= '<%= log_date %>' and tb1.log_date <= '<%= log_date %>' then tb1.complaint_cnt_1d else 0 end) as app_complaint_cnt_1d, -- 1 天前至昨天 App 总投诉次数
            sum(case when tb1.ogv_type_name = 'app' and tb1.log_date >= '<%= log_date - 3 %>' and tb1.log_date <= '<%= log_date %>' then tb1.complaint_cnt_1d else 0 end) as app_complaint_cnt_3d, -- 3 天前至昨天 App 总投诉次数
            sum(case when tb1.ogv_type_name = 'app' and tb1.log_date >= '<%= log_date - 7 %>' and tb1.log_date <= '<%= log_date %>' then tb1.complaint_cnt_1d else 0 end) as app_complaint_cnt_7d, -- 7 天前至昨天 App 总投诉次数
            sum(case when tb1.ogv_type_name = 'app' and tb1.log_date >= '<%= log_date - 15 %>' and tb1.log_date <= '<%= log_date %>' then tb1.complaint_cnt_1d else 0 end) as app_complaint_cnt_15d, -- 15 天前至昨天 App 总投诉次数
            sum(case when tb1.ogv_type_name = 'app' and tb1.log_date >= '<%= log_date - 30 %>' and tb1.log_date <= '<%= log_date %>' then tb1.complaint_cnt_1d else 0 end) as app_complaint_cnt_30d, -- 30 天前至昨天 App 总投诉次数
            sum(case when tb1.ogv_type_name = 'app' and tb1.log_date >= '<%= log_date - 60 %>' and tb1.log_date <= '<%= log_date %>' then tb1.complaint_cnt_1d else 0 end) as app_complaint_cnt_60d, -- 60 天前至昨天 App 总投诉次数
            sum(case when tb1.ogv_type_name = 'app' and tb1.log_date >= '<%= log_date - 90 %>' and tb1.log_date <= '<%= log_date %>' then tb1.complaint_cnt_1d else 0 end) as app_complaint_cnt_90d, -- 90 天前至昨天 App 总投诉次数
            sum(case when tb1.ogv_type_name = 'app' and tb1.log_date >= '<%= log_date - 180 %>' and tb1.log_date <= '<%= log_date %>' then tb1.complaint_cnt_1d else 0 end) as app_complaint_cnt_180d -- 180 天前至昨天 App 总投诉次数
        FROM
            hive_study_db.dwm_order_complaint_1d tb1
        where
            tb1.log_date >= '<%= log_date - 180 %>'
        and tb1.log_date <= '<%= log_date %>'
        and tb1.user_id <> 0 -- user_id = 0 就是没登录的用户
    and tb1.ds = '${lst1date}'
        group by
            tb1.user_id
    ) tt3 on tt1.user_id = tt3.user_id
```

3．用户标签建设

在 DWS 层的行为指标建设完成后，需要在 ADS 层进行用户的标签建设。

这里读者可能会产生疑问，为何不在 DWS 将标签直接建设完毕。因为在实际工作中，每个事业部、每个业务线对于用户的定义都是不一样的，可能 A 事业部认为当月下单 10 笔即为高活跃用户，但可能 B 事业部认为当月下单 15 笔，并且每笔金额大于 30 元才算活跃用户，所以每个部门，每个场景对于用户标签都是不同的，由此可知在 ADS 层，首先按照不同的数据域场景进行分开建设，随后供下游使用。

由于标签过多，因此暂时只展示部分内容。

```sql
-- ADS 层用户标签数据资产
CREATE TABLE IF NOT EXISTS hive_study_db.ads_rpt_emp_profile_d
(
user_id    string comment '用户ID',
    uname    string comment '用户姓名',
level    int comment '用户等级',
phone_number string comment    '用户手机号',
    order_cnt_1d    bigint comment '最近 1 天下单次数',
    order_cnt_3d    bigint comment '最近 3 天下单次数',
    order_cnt_7d    bigint comment '最近 7 天下单次数',
    order_cnt_15d    bigint comment '最近 15 天下单次数',
    order_cnt_30d    bigint comment '最近 30 天下单次数',
    order_cnt_90d    bigint comment '最近 90 天下单次数',
    order_cnt_180d    bigint comment '最近 180 天下单次数',
    web_order_cnt_1d    bigint comment '最近 1 天 Web 端下单次数',
    web_order_cnt_3d    bigint comment '最近 3 天 Web 端下单次数',
    web_order_cnt_7d    bigint comment '最近 7 天 Web 端下单次数',
    web_order_cnt_15d    bigint comment '最近 15 天 Web 端下单次数',
    web_order_cnt_30d    bigint comment '最近 30 天 Web 端下单次数',
    web_order_cnt_90d    bigint comment '最近 90 天 Web 端下单次数',
    web_order_cnt_180d    bigint comment '最近 180 天 Web 端下单次数',
    app_order_cnt_1d    bigint comment '最近 1 天 App 端下单次数',
    app_order_cnt_3d    bigint comment '最近 3 天 App 端下单次数',
    app_order_cnt_7d    bigint comment '最近 7 天 App 端下单次数',
    app_order_cnt_15d    bigint comment '最近 15 天 App 端下单次数',
    app_order_cnt_30d    bigint comment '最近 30 天 App 端下单次数',
    app_order_cnt_90d    bigint comment '最近 90 天 App 端下单次数',
    app_order_cnt_180d    bigint comment '最近 180 天 App 端下单次数',
    complaint_cnt_1d    bigint comment '最近 1 天投诉次数',
    complaint_cnt_3d    bigint comment '最近 3 天投诉次数',
    complaint_cnt_7d    bigint comment '最近 7 天投诉次数',
    complaint_cnt_15d    bigint comment '最近 15 天投诉次数',
    complaint_cnt_30d    bigint comment '最近 30 天投诉次数',
    complaint_cnt_90d    bigint comment '最近 90 天投诉次数',
    complaint_cnt_180d    bigint comment '最近 180 天投诉次数',
```

```sql
    web_complaint_cnt_1d    bigint comment '最近 1 天 Web 端投诉次数',
    web_complaint_cnt_3d    bigint comment '最近 3 天 Web 端投诉次数',
    web_complaint_cnt_7d    bigint comment '最近 7 天 Web 端投诉次数',
    web_complaint_cnt_15d   bigint comment '最近 15 天 Web 端投诉次数',
    web_complaint_cnt_30d   bigint comment '最近 30 天 Web 端投诉次数',
    web_complaint_cnt_90d   bigint comment '最近 90 天 Web 端投诉次数',
    web_complaint_cnt_180d  bigint comment '最近 180 天 Web 端投诉次数',
    app_complaint_cnt_1d    bigint comment '最近 1 天 App 端投诉次数',
    app_complaint_cnt_3d    bigint comment '最近 3 天 App 端投诉次数',
    app_complaint_cnt_7d    bigint comment '最近 7 天 App 端投诉次数',
    app_complaint_cnt_15d   bigint comment '最近 15 天 App 端投诉次数',
    app_complaint_cnt_30d   bigint comment '最近 30 天 App 端投诉次数',
    app_complaint_cnt_90d   bigint comment '最近 90 天 App 端投诉次数',
    app_complaint_cnt_180d  bigint comment '最近 180 天 App 端投诉次数',
is_high_consumption_user_30d string comment'是否近 30 天是高消费用户(Y/N)'
)
COMMENT 'ADS 层 - 用户标签数据资产'

    -- ADS 层用户标签数据资产
insert overwrite table hive_study_db.ads_rpt_emp_profile_d partition (ds = '${lst1date}')
SELECT
    tt1.user_id,    -- 用户 ID
    tt1.uname,      -- 用户姓名
    tt1.level,      -- 用户等级
    tt1.phone_number, -- 用户手机号
    tt2.ord_cnt_1d,         -- 最近 1 天下单次数
    tt2.order_cnt_3d,       -- 最近 3 天下单次数
    tt2.order_cnt_7d,       -- 最近 7 天下单次数
    tt2.order_cnt_15d,      -- 最近 15 天下单次数
    tt2.order_cnt_30d,      -- 最近 30 天下单次数
    tt2.order_cnt_90d,      -- 最近 90 天下单次数
    tt2.order_cnt_180d,     -- 最近 180 天下单次数
    tt2.web_order_cnt_1d,   -- 最近 1 天 Web 端下单次数
    tt2.web_order_cnt_3d,   -- 最近 3 天 Web 端下单次数
    tt2.web_order_cnt_7d,   -- 最近 7 天 Web 端下单次数
    tt2.web_order_cnt_15d,  -- 最近 15 天 Web 端下单次数
    tt2.web_order_cnt_30d,  -- 最近 30 天 Web 端下单次数
    tt2.web_order_cnt_90d,  -- 最近 90 天 Web 端下单次数
    tt2.web_order_cnt_180d, -- 最近 180 天 Web 端下单次数
    tt2.app_order_cnt_1d,   -- 最近 1 天 App 端下单次数
    tt2.app_order_cnt_3d,   -- 最近 3 天 App 端下单次数
    tt2.app_order_cnt_7d,   -- 最近 7 天 App 端下单次数
    tt2.app_order_cnt_15d,  -- 最近 15 天 App 端下单次数
    tt2.app_order_cnt_30d,  -- 最近 30 天 App 端下单次数
    tt2.app_order_cnt_90d,  -- 最近 90 天 App 端下单次数
    tt2.app_order_cnt_180d, -- 最近 180 天 App 端下单次数
    tt3.complaint_cnt_1d,   -- 最近 1 天投诉次数
    tt3.complaint_cnt_3d,   -- 最近 3 天投诉次数
```

```sql
        tt3.complaint_cnt_7d,          -- 最近 7 天投诉次数
        tt3.complaint_cnt_15d,         -- 最近 15 天投诉次数
        tt3.complaint_cnt_30d,         -- 最近 30 天投诉次数
        tt3.complaint_cnt_90d,         -- 最近 90 天投诉次数
        tt3.complaint_cnt_180d,        -- 最近 180 天投诉次数
        tt3.web_complaint_cnt_1d,      -- 最近 1 天 Web 端投诉次数
        tt3.web_complaint_cnt_3d,      -- 最近 3 天 Web 端投诉次数
        tt3.web_complaint_cnt_7d,      -- 最近 7 天 Web 端投诉次数
        tt3.web_complaint_cnt_15d,     -- 最近 15 天 Web 端投诉次数
        tt3.web_complaint_cnt_30d,     -- 最近 30 天 Web 端投诉次数
        tt3.web_complaint_cnt_90d,     -- 最近 90 天 Web 端投诉次数
        tt3.web_complaint_cnt_180d,    -- 最近 180 天 Web 端投诉次数
        tt3.app_complaint_cnt_1d,      -- 最近 1 天 App 端投诉次数
        tt3.app_complaint_cnt_3d,      -- 最近 3 天 App 端投诉次数
        tt3.app_complaint_cnt_7d,      -- 最近 7 天 App 端投诉次数
        tt3.app_complaint_cnt_15d,     -- 最近 15 天 App 端投诉次数
        tt3.app_complaint_cnt_30d,     -- 最近 30 天 App 端投诉次数
        tt3.app_complaint_cnt_90d,     -- 最近 90 天 App 端投诉次数
        tt3.app_complaint_cnt_180d,    -- 最近 180 天 App 端投诉次数
        case when tt2.order_cnt_30d > 50
            then 'Y'
            when tt2.order_cnt_30d < 50
            then 'N'
        else null
        end as is_high_consumption_user_30d --是否近 30 天是高消费用户
from
(
            -- 用户维度表
        SELECT
            user_id,
            uname,
            level,
            phone_number
        FROM
            hive_study_db.dim_user_full
        where   ds = '${lst1date}'
    ) tt1
left join
hive_study_db.dws_user_order_nd partition tt2
on tt1.user_id = tt2.user_id
left join
hive_study_db.dws_user_complaint_nd partition tt3
on tt1.user_id = tt3.user_id
```

4．应用建设

当然在后期成熟后，在工具的加持下，可以将 DWS 的数据接入数据标签，使下游用户通过标签平台的方式就可以对不同用户进行打标，然后各种其他的业务便可以应用这些数

据,例如营销平台、DMP等。

5. 管理维护

在项目维护上,建议以指标系统的方式进行管理,保证所有的用户行为的口径和指标唯一。避免同义不同名和同名不同义的情况发生。如果没有指标管理系统,则可以从元数据加词根的角度切入。切不可用文档的方式进行维护,后续将变得难以维护。

9.3.5 项目难点

由于上游数据源繁多杂乱,所以在ODS层进行梳理和建模时要充分考虑整个数据仓库的复用性和扩展性。因为这些数据的下游并不仅是用户画像,还有非常多的应用场景,所以必须加以重视。

9.3.6 项目思考

用户画像在阶段和目标不同时承担的使命也不尽相同,下面分别通过3个阶段来介绍用户画像的意义。

(1) 初创期(产品还未定型):这个阶段往往指的是公司刚刚创立,产品还未成形,需要通过用户画像来定义产品模式与功能,这个阶段需要做大量偏宏观的调研,明确产品切入的是哪一个细分市场,这个细分市场中的人群又有哪些特点,他们喜欢什么,不喜欢什么,平均消费水平怎样,每天的时间分配是怎样的等。

在这个阶段,做用户画像的意义在于为产品定义一个市场,并且能够清楚地知道这个市场能不能做,能不能以现有的产品构思去做,做的过程中会不会出现一些与基本逻辑相违背的问题。如果分析之后可以做,就可以立马做出产品原型,小步快跑、试错迭代;如果不行,则建议换个方向、换个思路。

这个阶段的用户画像的意义在于业务经营分析及竞争分析,影响企业发展战略。

(2) 成长期(产品运营中):在这个阶段公司产品已经被市场认可,各项数据处于一个上升期。这时用户画像所承担的责任又变了。在这个阶段,需要通过产品后台所反馈的数据(显性、隐性等,后文会介绍)进行整理,得出一个详细的用户画像,这里不像在初创期那样做泛调查,抓宏观,而是需要改变策略,从细节抓起,从每次和用户的交互中寻找用户的真实需求。例如,做微信运营的,昨天的阅读量和前天的阅读量相比是多了还是少了,转发数和收藏数都有什么变化,用户留言是增加了还是减少了,后台反馈怎样,通过这些对比,大致就会得出结论,并指导优化后的工作。产品运营涉及的数据就更多了,如访问数据、打开频率、登录次数、活跃时间等,结合起来分析,用户的需求会更加明确。

可能有的开发者会问:"这不就是数据分析么?"是的,在某种意义上,用户画像的一部分就来自数据分析,另一部分来自对用户属性的分解和数据的结合。举个例子,有一家做母婴产品的公众号,昨天星期五,中午 11 点半推送的图文消息,打开率不错,然后周六中午 11 点半推送,结果在标题质量差不多的情况下,打开率降了不少。那用户就会发现单凭数据肯定看不出来,但如果想到"关注账号的都是孩子的妈妈,而她们在周六中午一般要在家准备午饭"。意识到这一点,问题就迎刃而解了。得出的结论就是中午这个时间点用户一般在做饭,这就可以作为用户画像中的一点。如果再深挖,在中午发一篇关于厨房用品促销的图文,既能场景化推销,又能看同类商品哪个价位的购买人数最多,这样也可以将用户的消费习惯筛选出来了。有人会说这个不准确,多发几次并且通过多种不同的手段去获取用户的反馈,多进行数据分析,用户画像就会越来越准确。知己知彼才能百战不殆。

所以,这个阶段的用户画像的意义在于精准营销,使产品的服务对象更加聚焦,更加专注,能更好地满足用户的需求,优化运营手段,并提升公司的经营效益。

(3)成熟期(寻求突破口):这个阶段产品已经很成熟了,公司也已经有了稳定的运作模式,市场地位趋于稳定,日常工作大多以维护为主。这时,用户画像用来干什么?可以用来寻找新的增长点和突破口。

当产品转型时,老用户会有什么样的反应,离开还是成为新的核心用户,新产品预计会有多少用户导入,结合老用户需求,新产品有哪些功能不能被遗弃。

这都是要考虑的问题,这个阶段的用户画像建议将初创期的泛调查与成长期累积的用户画像结合起来做,这样对于新产品才有一个更好的保障。

第 10 章

数据服务

10.1 数据服务介绍

10.1.1 数据服务概念

数据服务指通过数据平台的功能为下游提供应用服务,解决数据仓库、数据分析、企业中数据共享、风控策略、产品应用和算法侧的痛点问题,从而使用数难、找数难、数据出口繁杂等问题得以解决。

10.1.2 当前数据应用时存在的痛点问题

1. 指标和标签口径无法统一维护

指标和标签的口径不统一会导致下游数据质量问题,进而影响下游应用分析。此外,如果目前频繁地更改指标内容且未能及时通知他人,则会导致应用问题的出现。

2. 指标及标签口径无法通过平台化去查询

当前指标和标签无法提供可视化查询,下游可能不清楚查询网址,增加了数据仓库的查询负担。同时,数据仓库开发者在开发指标和标签时,由于缺乏已有内容的可见性,所以可能会出现重复建设的情况,造成不必要的资源浪费和人力投入。

3. 想查询的数据模型无从找寻

数据地图解决了数据模型中元数据查询问题,由于缺少数据仓库侧元数据内容划分,所以数据仓库开发者和下游在查询时可能会面临较高的开发成本和较低的查询效率。

4. 数据准确性缺少保障服务

数据仓库开发者在代码上线前后缺少保障节点，导致问题数据流入下游。

5. 数据缺少安全保障服务

由于缺乏统一的数据模型和字段权限管理、数据脱敏和安全分级管理服务，所以数据仓库可能存在部分敏感数据流出或被查看的情况，从而带来安全隐患。

6. 数据模型缺少统一建设服务

数据模型在被设计时常常出现与现数据标准无法对齐，数据模型冗余较高，耦合性高，复用性扩展性较差情况，需要强制数据模型审核机制，以及建设数据模型时用自动化服务来解决此类问题。

7. 用户画像无法自助分析

下游数据分析、风控策略和运营人员无法灵活地使用自动生成的用户标签对应的客群进行分析，导致数据仓库侧和下游人员的工作量增加，效率较低。

8. 存在各类 ID 无法相互打通与统一

随着业务的不断拓展，各类应用场景 ID 种类暴增，同时带来各类 ID 无法打通，最终形成"数据孤岛"问题，导致业务应用时困难重重。

9. 数据治理内容难全方位评估

随着数据仓库经历过扩张期暴涨后，数据模型、计算及存储资源、数据质量、数据安全、数据价值等都会出现相应的问题，存在数据仓库开发者不知道从哪里找到切入点，并且存在治理效果展现等问题。

10.2 数据服务建设内容

10.2.1 指标中心

1. 指标中心介绍

解决指标统一管理存放问题，统一指标口径，保障已有指标可以直接复用，即使下游应用方不清楚指标内容，也能高效地了解指标的含义。

2. 搭建流程

1) 明确指标中心分类内容及板块

需要明确指标的分类和指标域（用于关联数据域），技术口径与业务口径，修饰词（用于派生指标和复合指标定义，不含计算口径）与衍生词（用于修饰原子指标，带有计算口径），同时还需要给指标补充重要等级、上线时间等，以便能精确到每一人，如图 10-1 和图 10-2 所示。

图 10-1　网易 Easy Data 指标中心建设 DEMO 图

图 10-2　网易 Easy Data 指标中心首页 DEMO 图

2) 功能开发

完成指标中心各个模块（创建、编辑等）及搜索跳转功能开发，并创建后台数据库及指标内容数据模型，用于后续数据存放，后续还可添加指标审批和指标更新后以消息的方式进行提醒，再与前端开发团队配合以完成可视化界面搭建或自己完成开发。

由于数据仓库开发者可能不具备如上资源或能力,所以可通过低代码的方式完成平台搭建,或通过可视化内容嵌入门户的方式搭建简易指标管理中心。

10.2.2 标签画像管理平台

1. 标签画像管理平台介绍

解决标签无处找寻、用户画像无法自助分析等问题,帮助下游快速对标签进行定位,通过灵活组合方式形成多种画像,用于高效分析用户客群。

2. 搭建流程

(1)明确标签画像平台功能:与指标中心相似,明确标签应用的业务场景(主题)和颗粒度分类,技术口径与业务口径,同时还需要给指标补充重要等级、上线时间及负责人保障指标开发,以便能精确到每一人。

梳理圈选标签时的标签类目,考虑到用户体验,可让用户在圈选前对标签1~3级进行分组设定,通过TAB分离标签种类(复合标签、行为标签、基础标签等),并筛选标签逻辑(交集、并集、补集)。

(2)功能开发:标签管理类似于指标中心,需要完成标签中心的各个模块(如创建、编辑等)和搜索跳转功能的开发。同时还要创建后台数据库和指标内容数据模型,以便存放后续的数据。还可以添加标签审批和标签更新后的消息提醒功能,如图10-3和图10-4所示。

图 10-3 网易 Easy Data 标签平台新建标签

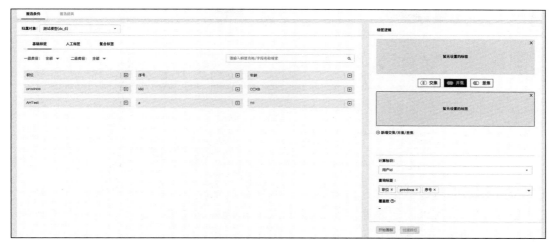

图 10-4　网易 Easy Data 标签画像圈选平台 DEMO 图

画像圈选开发难度较大,但底层逻辑仍为 SQL 调用,例如要查询 A 与 B 标签下都为 1 的用户群体,则可调用 select user_id from test where a=1 and b=1 语句,通过筛选标签去执行后台 SQL。

由于数据仓库开发者可能不具备如上资源或能力,所以可通过低代码的方式完成平台搭建,或通过可视化内容嵌入门户的方式搭建简易标签管理中心,画像圈选建设建议交予数据平台侧建设。

10.2.3　数据资产门户

1. 数据资产门户介绍

数据资产门户提供了查询自助化功能,解决了数据仓库侧及下游在各数据域下找不到对应环节下数据模型/核心数据模型的问题。这一改进消除了因下游找不到对应数据模型而需要多次与数据仓库开发者沟通的情况,从而提高了开发及应用效率。

2. 搭建流程

(1)数据资产门户设计:明确数据资产门户要准备哪些内容,以便服务于当前场景,可以展示数据模型的全部元数据,亦可通过元数据对当前数据模型按照分层关系、数据域、主题域进行区分,如图 10-5 所示。

(2)元数据信息采集:建议通过第三方工具 Apache Ambari、Apache Atlas 等对 Hive 元数据信息进行收集,后续存储在数据模型中,并可以根据数据模型按重要等级进行打标,

图 10-5　网易 Easy Data 数据资产门户 DEMO 图

给予表检索及使用热度，这里建议使用 DataHub 开源数据中心。DataHub 提供了可扩展的元数据管理平台，可以满足数据发现、数据可观察与治理等需求。这极大地解决了数据复杂性的问题，如图 10-6 所示。

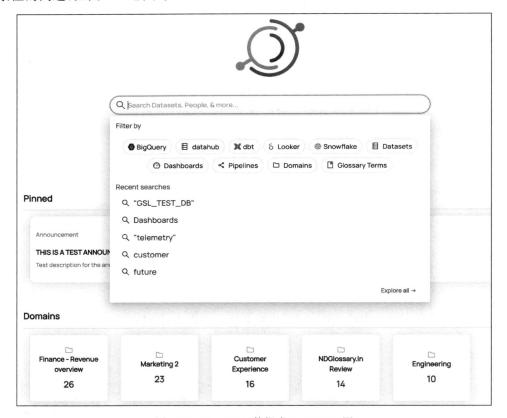

图 10-6　DataHub 数据中心 DEMO 图

（3）通过 API 方式将数据模型信息给予前端，配合完成数据资产门户搭建，或通过报表方式展示。

10.2.4 数据质量中心

在第 5 章中提到保障数据质量的手段包括 DQC(数据质量监控)、数据探查、数据比对等,保障数据仓库开发者从开发到上线的全流程监控,但未提到 DQC(数据质量监控)部署及开发。

这里建议使用 Apache DolphinScheduler,中文简称海豚调度,海豚调度具备数据质量监测功能,用于检查数据在集成、处理过程中的数据准确性。在最新版本中数据质量任务包括单表检查、单表自定义 SQL 检查、多表准确性检查及两表值比对,如图 10-7 和图 10-8 所示。

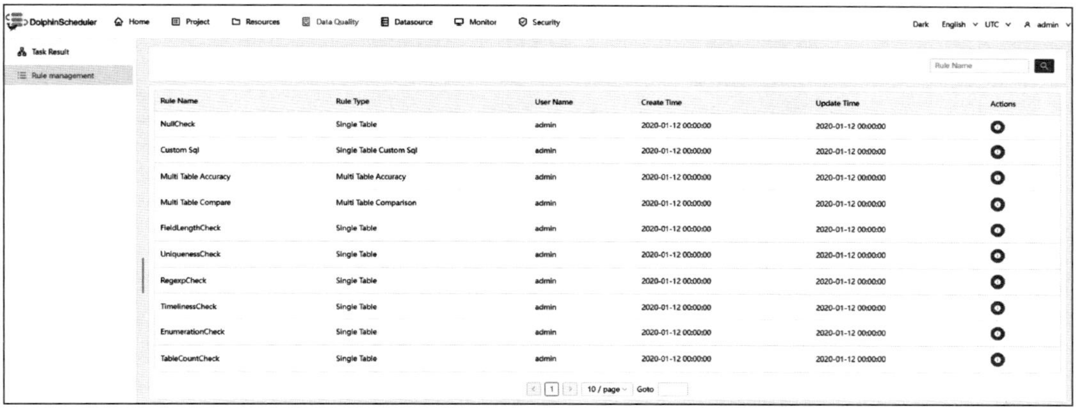

图 10-7 DolphinScheduler 数据质量监控 DEMO 图

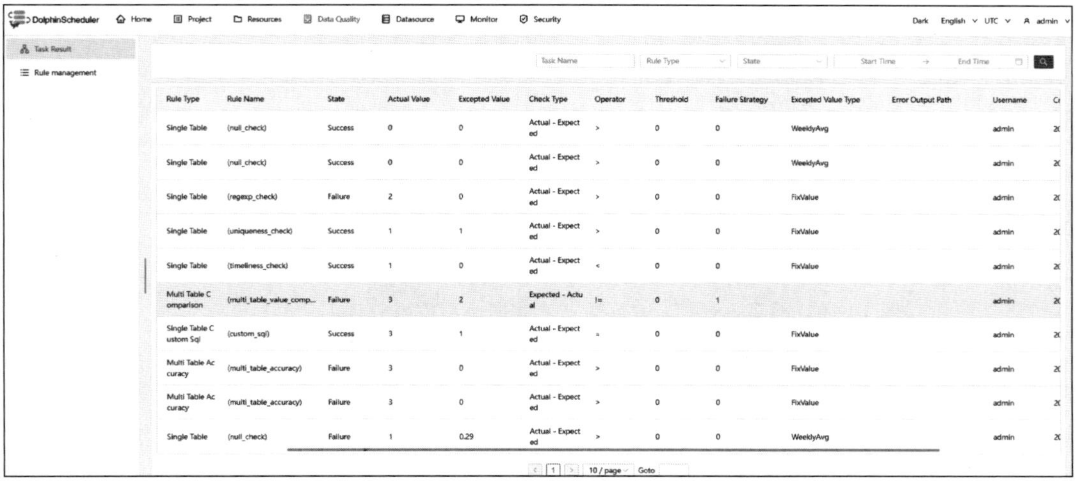

图 10-8 DolphinScheduler 数据比对 DEMO 图

10.2.5 数据安全中心

数据安全中心提供了对不同角色的不同使用权限控制,并对数据模型进行分级,以便控制其使用权限,同时提供了数据脱敏功能以减少敏感数据泄露的风险,如图 10-9 和图 10-10 所示。

图 10-9 网易 Easy Data 数据安全中心角色管理 DEMO 图

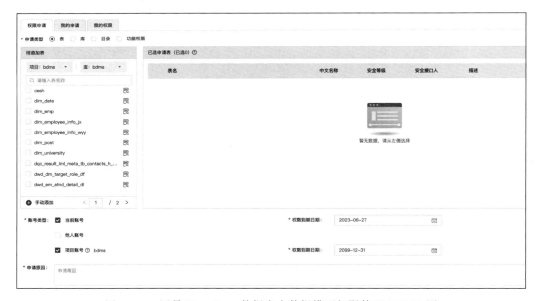

图 10-10 网易 Easy Data 数据安全数据模型权限管理 DEMO 图

由于实施起来难度较大,这里数据安全服务建设需要交予数据平台开发者。

10.2.6 数据模型设计中心

数据模型设计中心实现了主题域和分层自助式设计,统一了数据模型命名标准(例如词根和分层命名前后缀),并提供了可视化操作方式以完成数据模型设计。此外,数据模型设计中心还设立了强制性的数据模型审核机制,以确保数据模型的易用性、规范性,如图 10-11～图 10-14 所示。

由于实施起来难度较大,这里的数据模型设计中心建设需要交予数据平台开发者。

图 10-11　网易 Easy Data 模型设计中心主题域建设 DEMO 图

图 10-12　网易 Easy Data 模型设计中心分层建设 DEMO 图

图 10-13　网易 Easy Data 模型设计数据模型建设 DEMO 图

图 10-14　网易 Easy Data 模型设计数据模型内容建设 DEMO 图

10.2.7　One-ID

One-ID 主要通过数据模型建设解决随着业务分散及多场景下 ID 多样化无法统一使用及查询的问题,例如某数据模型 A 只有 user_id,某数据模型 B 只有工商注册号,但无法打通 A 与 B 之间的关联,从而使下游查询及使用时困难重重。

通过数据模型之间的关联 ID 关联设计 One-ID 维度表存放每个用户的全部 ID 类型数据,通过关联扩散方式将应用层数据模型内容统一带上唯一的 ID,例如 user_id(原 ID 仍存在),也可向算法工程师提供 ID 扩散表方式,或者通过第三方渠道购买工具的方式将 ID 整合到一起,通过统一 user_id 查询出对应数据。

10.2.8　数据治理 360

数据治理 360 是一款大数据评估和优化工具,可从数据质量、标准、安全、成本和价值 5 方面进行数据治理,协助企业降低存储成本和节约计算资源。此外,该工具还提供了精细化的数据管理和备份功能,帮助企业更好地进行管理,如图 10-15~图 10-17 所示。

由于实施起来难度较大,这里的数据治理 360 建设需要交予数据平台开发者。

第 10 章 数据服务

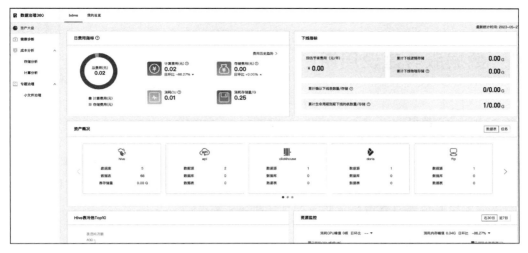

图 10-15 网易 Easy Data 数据治理 360 首页 DEMO 图

图 10-16 网易 Easy Data 数据治理 360 存储治理图

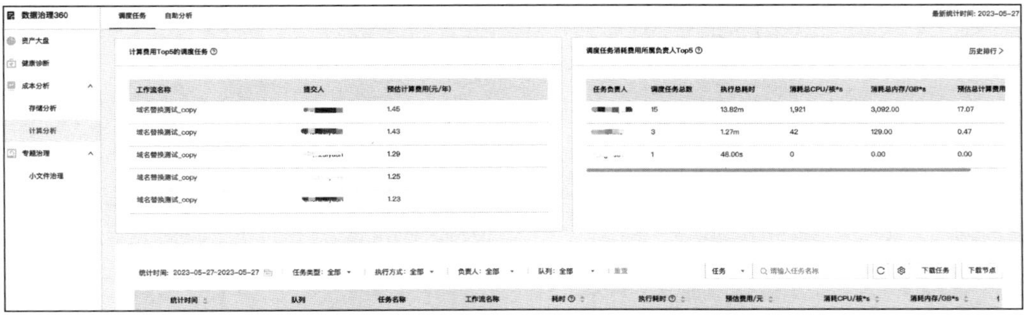

图 10-17 网易 Easy Data 数据治理 360 计算治理图

10.3 数据服务建设周期

10.3.1 探索期

在探索期,数据仓库开发者需要充分了解业务流程环节,并制定数据标准和架构,划分主题域和数据域,以支持业务核心指标,因此建议在探索期建设时补充指标中心和数据资产门户,以保障核心指标与数据模型能够及时查询及了解。

10.3.2 扩张期

在扩张期,数据仓库需要快速响应业务需求,完成数据接入和资产沉淀,以确保下游应用有可用数据,并高效地支持应用分析,因此应优先完成对数据的支持,通过数据质量中心保障数据质量可靠,通过模型设计中心保障模型的易用性。

第 11 章

数据应用

11.1 数据应用介绍

数据价值创造的关键在于数据的应用,随着大数据技术的飞速发展,数据应用已经融入各行各业。数据产业正快速发展成为新一代信息技术和服务业态,即对数量巨大、来源分散、格式多样的数据进行采集、存储和关联分析,并从中发现新知识、创造新价值、提升新能力。

11.2 神策明星榜数据(视频行业业务)

11.2.1 项目背景

本项目的对接业务方为各长视频、短视频、娱乐类行业的产品和运营部门。流量热点的变化是非常迅速的,不管是明星还是不同的影视作品都是如此,因此只要主营业务为视频行业,就需要一款数据产品,在第一时间了解到最新的行业动态(如微博热搜、明星热搜、影视作品热搜等)。

11.2.2 项目流程介绍

在项目开始之前需要梳理整体项目的流程,流程包括各种娱乐媒体的数据源梳理及接入、后续明细数据模型开发、维度表的 ID-Mapping 关系映射,将多类型 ID 放入并输出,最后按照不同维度和粒度,对产品和运营所需要的数据进行输出,如图 11-1 所示。

图 11-1　数据应用展示图

11.2.3　项目流程

1. 现状梳理

（1）数据模型信息来源于 3 方面：外部数据（这里的外部数据不涉及敏感信息）、各类咨询行业数据、其他第三方平台公开的数据信息。

（2）此项目的数据来源非常多，外部数据可能会存储在 MySQL 数据库或者服务器之中，包括各类咨询行业数据和其他第三方平台公开的数据信息，这些数据和信息会通过接口的方式进行调用，所以在数据抽取的加工过程中要尽可能地先周期性地获取数据，然后进行批量处理。当然，如果有实时数据，则用实时数据仓库的 Lambda 架构方式进行开发。

2. 模型开发

在进行模型开发之前，首先要了解运营和产品人员需要的维度和粒度。本项目的维度主要分为两类，即明星和作品维度，当然除此之外还有导演维度、制片人维度等。

明星和作品维度表的代码如下：

```
#TaskInfo#
creator = 'zhangsan'
source = {
    'db': META['hive'],
}

target = {
    'db': META['hive_study_db'],
    'table': 'dim_user_a_d',
}

#Load
```

```sql
# 这里填写一个能加载数据的 SQL,非 Hive2Hive 流程可留空
-- 动态分区
SET hive.exec.dynamic.partition.mode = nonstrict;
SET hive.exec.dynamic.partition = true;
SET hive.exec.max.dynamic.partitions = 1000;
-- Hive 优化
set hive.merge.mapfiles = true;
set hive.merge.mapredfiles = true;
set hive.merge.size.per.task = 256000000;
set hive.mergejob.maponly = true;
set hive.merge.smallfiles.avgsize = 16000000;

    -- DIM 层用户表
INSERT OVERWRITE TABLE hive_study_db.dim_user_a_d PARTITION (log_date = '<% = log_date %>')


SELECT
    tb1.mid,
    tb1.uname,
    tb1.join_time,
    tb1.join_ip,
    tb1.exp,
    tb1.level,
    tb1.has_email,
    tb1.has_mobile,
    tb1.friend,
    tb1.fans,
    tb1.first_recharge,
    tb1.exp_level,
    tb1.turn_time,
    tb1.safe_question,
    tb1.moral,
    tb1.source,
    tb1.ip,
    tb1.birthday,
    tb1.sex,
    tb1.country_id,
    tb1.has_idcard,
    tb1.has_cheat,
    tb1.reg_plat,
    tb1.black,
    tb1.whisper,
    tb1.verify_type,
    tb1.predict_age_range,
    tb1.predict_sex,
    tb1.isleak,
    tb1.email_type,
    tb1.spacesta,
    tb1.origin_type,
```

```sql
        tb1.reg_type,
        tb1.appid,
        tb1.verify_title,
        tb1.verify_description,
        tb1.sign,
        b_location_part(tb1.join_ip, 'province')       AS log_province_name,
                                                       -- 解析注册时 IP 得到的省份
        b_location_part(tb1.join_ip, 'city')           AS log_city_name,
                                                       -- 解析注册时 IP 得到的城市
        b_location_part(tb1.join_ip, 'classification') AS log_city_level,
                                                       -- 解析注册时 IP 得到的分类
        b_location_part(tb1.join_ip, 'district')       AS log_district_name,
                                                       -- 解析注册时 IP 得到的街道
        tb1.active_province                            AS recent_log_province,
                                                       -- 解析最近一次访问日志的 IP 得到的省份
        tb1.active_city                                AS recent_log_city,
                                                       -- 解析最近一次访问日志的 IP 得到的城市
        tb1.active_city_level                          AS recent_log_city_level,
                                                       -- 解析最近一次访问日志的 IP 得到的城市
        tb2.vip_type,
        tb2.vip_status,
        CASE
            WHEN tb2.vip_type IS NULL AND tb2.vip_status IS NULL THEN 0
            WHEN tb2.vip_type = 0 AND tb2.vip_status = 0 THEN 0
            WHEN tb2.vip_type = 1 AND tb2.vip_status = 0 THEN 0
            WHEN tb2.vip_type = 1 AND tb2.vip_status = 1 THEN 1
            WHEN tb2.vip_type = 1 AND tb2.vip_status = 2 THEN 0
            WHEN tb2.vip_type = 1 AND tb2.vip_status = 3 THEN 0
            WHEN tb2.vip_type = 2 AND tb2.vip_status = 1 THEN 1
            WHEN tb2.vip_type = 2 AND tb2.vip_status = 2 THEN 0
            ELSE 0
            END                                        AS is_vip_user,
        tb2.wander,
        tb2.access_status,
        tb2.vip_start_time,
        tb2.vip_recent_time,
        tb2.is_auto_renew,
        tb2.auto_renewed,
        tb2.sum_days,
        tb2.vip_keep_time,
        tb3.last_payment_time,
        tb3.last_action_type,
        tb3.last_buy_months,
        tb3.last_order_type,
        tb3.buy_months_his,
        tb3.gmv_his,
        tb3.discount_order_cnt_his,
        tb3.not_discount_order_cnt_his,
        tb4.last_open_vip_type,
```

```sql
        tb4.vip_open_cnt_his,
        tb4.vip_paid_times,
        tb3.last_order_no,
        tb3.last_two_orders_no,
        tb3.last_two_orders_payment_time,
        tb5.disconnect_days
FROM
    (
        SELECT
            *
        FROM
            ods.t_user_basic_info
        WHERE
            log_date = '<% = log_date %>'
    ) tb1
LEFT JOIN
    (
        SELECT
            *
        FROM
            ods.ods_vip_user_info
        WHERE
            log_date = '<% = log_date %>'
    ) tb2 ON tb1.mid = tb2.mid
LEFT JOIN
    (
        SELECT
            mid,
            last_payment_time,
            last_action_type,
            last_buy_months,
            last_order_type,
            buy_months_his,
            gmv_his,
            discount_order_cnt_his,
            not_discount_order_cnt_his,
            last_order_no,
            last_two_orders_no,
            last_two_orders_payment_time
        FROM
            tmp.dwd_user_last_vip_action_full_d
        WHERE
            log_date = '<% = log_date %>'
    ) tb3 ON tb1.mid = tb3.mid
LEFT JOIN
    (
        SELECT
            mid,
            last_open_vip_type,
```

```
                    vip_open_cnt_his,
                    vip_paid_times
                FROM
                    tmp.dim_user_full_d_tmp20
                WHERE
                    log_date = '<% = log_date %>'
        ) tb4 ON tb1.mid = tb4.mid
LEFT JOIN
    (
        SELECT
            mid,
            disconnect_days
        FROM
            tmp.dwd_all_back_vip_user_i_d
        WHERE
            log_date = '<% = log_date %>'
    ) tb5 ON tb1.mid = tb5.mid
```

片单维度表的代码如下：

```
#TaskInfo#
creator = 'zhangsan'
source = {
    'db': META['hive'],
}

target = {
    'db': META['hive_study_db'],
    'table': 'dim_season_a_d',
}

#Load
#这里填写一个能加载数据的 SQL,非 Hive2Hive 流程可留空
-- 动态分区
SET hive.exec.dynamic.partition.mode = nonstrict;
SET hive.exec.dynamic.partition = true;
SET hive.exec.max.dynamic.partitions = 1000;
-- Hive 优化
set hive.merge.mapfiles = true;
set hive.merge.mapredfiles = true;
set hive.merge.size.per.task = 256000000;
set hive.mergejob.maponly = true;
set hive.merge.smallfiles.avgsize = 16000000;


    -- DIM 层季度表
INSERT OVERWRITE TABLE hive_study_db.dim_season_d PARTITION (log_date = '<% = log_date %>')
```

```sql
select
    t1.ogv_type_name,
    t1.id as season_id,
    t1.title as title,
    t1.season_title as season_title,
    t1.alias as alias,
    t1.mode as episode_mode,
    t1.actors as actors,
    t1.staff  as staff,
    t1.is_delete  as season_status,
    t1.status as pay_status,
    t2.ptime as ptime,
    t2.ctime,
    t3.allow_bp as allow_bp,
    t5.season_tag as season_tag,
    t1.version,
    t2.pdate,
    t2.pyear,
    t2.pmonth,
    t2.phour,
    t2.pdayofweek,
    concat(t2.pdate, " ", t2.ptime) as pub_datetime_instation,
    case when t1.status in (2) then 1 else 0 end as pay_status_is_free,
    case when t1.status in (6,7,13) then 1 else 0 end as pay_status_is_vip,
    case when t1.status in (6,7,8,9,12) then 1 else 0 end as pay_status_is_pay,
    case when t1.badge_id in (2,5) then 1 else 0 end as pay_status_is_preemptive,
    COALESCE(t11.season_online_ep_cnt,0) as season_online_ep_cnt,
    date(t11.pub_real_time) as first_ep_pub_date,
    case when t11.max_page > 1 then 1 else 0 end as is_collection_av,
    t3.play_resource as play_resource,
    t3.is_appear_recommend as is_appear_recommend,
    t3.is_display_selection as is_display_selection,
    t3.is_appear_index as is_appear_index,
    t3.is_ott as is_ott,
    t1.subtitle as subtitle,
    t1.alias_search as alias_search,
    datediff(from_unixtime(unix_timestamp('<% = log_date %>','yyyymmdd'),'yyyy-mm-dd'),
TO_DATE(t2.pdate)) as online_days,
    t18.last_ep_pub_date as last_ep_pub_date,
    t19.first_positive_ep_pub_date as first_positive_ep_pub_date,
    t19.first_not_huaxu_pub_time as first_not_huaxu_pub_time,
    t19.first_huaxu_pub_time as first_huaxu_pub_time,
    t1.evaluate as season_evaluate,
    t20.is_finish as is_finish,
    t20.online_finish as online_finish,
    t20.pubtime as pubtime,
    t20.pubdate as pubdate,
    t1.square_cover as season_square_cover,
    t1.cover as season_cover,
```

```sql
            t11.pubtime as season_estimate_pub_time,
            t11.pubdate as season_estimate_pub_date,
            t21.badge_name as badge_name,
            t19.first_ep_scheduled_online_date,
            t19.first_ep_scheduled_online_time,
            t1.refine_cover,
            t1.nine_sub_title,
            t1.fourteen_sub_title,
            t1.twenty_five_sub_title,
            t1.img_rel_nine,
            t1.img_rel_ten,
            t22.origin_spoken_language_description,
            t23.spoken_language_description,
            t2.first_epid,
            t2.new_epid
        from
            ods.ods_t_season2 t1
        left join
            (
                select
                    season_id,
                    first_epid,
                    new_epid,
                    pub_date as pdate,
                    pub_time as ptime,
                    substring(pub_date,1,4) as pyear,
                    if(substring(pub_date,1,4) = '0000', -1,month(pub_date)) as pmonth,
                    if(substring(pub_date,1,4) = '0000', -1,hour(pub_time)) as phour,
                    if(substring(pub_date,1,4) = '0000', -1,date_format(pub_date ,'u')) as pdayofweek,
                    is_finish,
                    ctime
                from
                    ods.ods_t_season2_multi
            ) t2 on t1.id = t2.season_id
        left join
            (
                select
                    tb1.season_id,
                    tb1.allow_bp,
                    tb1.resource as play_resource,
                    tb1.is_appear_recommend as is_appear_recommend,
                    tb1.is_display_selection as is_display_selection,
                    tb1.is_appear_index as is_appear_index,
                    tb1.is_ott as is_ott
                from
                    ods.ods_t_season2_right tb1
            ) t3 on t1.id = t3.season_id
        left join
            (
```

```sql
            select
                    season_id,
                    concat_ws(',',collect_set(cast(tagName as string))) as season_tag
            from
            (
                    select
                            t1.season_id as season_id,
                            t2.name as tagName
                    from
                            ods.ods_season_tag t1
                    join ods.ods_tag t2 on t1.tag_id = t2.id and t2.state = 0
                    where
                            t1.is_delete = 0
            ) tmp
            group by
                    season_id
        ) t5 on t1.id = t5.season_id
left join
    (
            select
                    tb1.season_id as season_id,
                    count(tb1.id) as season_online_ep_cnt,
                    max(tb1.page) as max_page
            from
                    ods.ods_ep_jp tb1
            join ods.ods_t_section tb2 on tb1.section_id = tb2.id
            where
                    tb1.is_delete = 0
            and tb2.type = 0
            group by
                    tb1.season_id
    ) t10 on t1.id = t11.season_id
left join ods.ods_ep_publish t11 on t2.first_epid = t11.episode_id
left join
    (
            select
                    tt1.season_id as season_id,
                    max(date(tt2.pub_real_time)) as last_ep_pub_date
            from
                (
                        select
                                tb1.season_id as season_id,
                                tb1.id as epid,
                                max(tb1.ord) as min_ord
                        from
                                ods.ods_ep_jp tb1
                        where
                                tb1.is_delete = 0
                        group by
```

```sql
                    tb1.season_id,
                    tb1.id
            ) tt1
        left join ods.ods_ep_publish tt2 on tt1.epid = tt2.episode_id
        group by
            tt1.season_id
    ) t18 on t1.id = t18.season_id
left join
    (
        select
            tt1.season_id as season_id,
            min(case when tt1.type = 0 then tt1.pub_real_time else null end) as first_positive_ep_pub_date,
            min(case when tt1.type = 0 then tt1.first_pub_time else null end) as first_not_huaxu_pub_time,
            min(case when tt1.type > 0 then tt1.first_pub_time else null end) as first_huaxu_pub_time,
            min(case when tt1.type = 0 then tt1.first_ep_scheduled_online_date else null end) as first_ep_scheduled_online_date,
            min(case when tt1.type = 0 then tt1.first_ep_scheduled_online_time else null end) as first_ep_scheduled_online_time
        from
            (
                select
                    tb1.season_id as season_id,
                    tb1.id as epid,
                    tb1.ord as ord,
                    tb2.type as type,
                    case when tb3.first_pub_time = '0000-00-00 00:00:00' then null else tb3.first_pub_time end as first_pub_time,
                    date(tb3.pub_real_time) as pub_real_time,
                    tb3.pubdate as first_ep_scheduled_online_date,
                    tb3.pubtime as first_ep_scheduled_online_time
                    -- tb3.published as published
                from
                    ods.ods_ep_jp tb1
                    left join ods.ods_t_section tb2 on tb1.section_id = tb2.id
                    left join ods.ods_ep_publish tb3 on tb1.id = tb3.episode_id
                where
                    tb1.is_delete != 1
            ) tt1
        -- where
        --     tt1.type = 0
        group by
            tt1.season_id
    ) t19 on t1.id = t19.season_id
left join
    (
        select
```

```
                tb1.season_id AS season_id,
                tb1.is_finish as is_finish,
                tb2.online_finish as online_finish,
                tb2.pubdate as pubdate,
                tb2.pubtime as pubtime
            FROM
                ods.ods_t_season2_multi tb1
            LEFT JOIN ods.ods_ep_publish tb2 ON tb1.new_epid = tb2.episode_id
    ) t20 on t1.id = t20.season_id
left join
    (
        SELECT
            tb1.id as badge_id,
            tb1.name as badge_name
        FROM
            ods.ods_db1491_t_badge_a_d tb1
        where
            tb1.log_date = '<% = log_date %>'
    ) t21 on t1.badge_id = t21.badge_id
left join
    (
        select
            tb1.enum_value,
            tb1.description as origin_spoken_language_description
        from
            ods.ods_db1098_t_enumeration_type_a_d tb1
        where
            tb1.log_date = '<% = log_date %>'
        and tb1.enum_type = 'STANDARD_LANGUAGE'
        and tb1.is_deleted = 0
    ) t22 on t1.origin_spoken_language = t22.enum_value
left join
    (
        select
            tb1.enum_value,
            tb1.description as spoken_language_description
        from
            ods.ods_db1098_t_enumeration_type_a_d tb1
        where
            tb1.log_date = '<% = log_date %>'
        and tb1.enum_type = 'STANDARD_LANGUAGE'
        and tb1.is_deleted = 0
    ) t23 on t1.spoken_language = t23.enum_value
```

在建设完维度表后,要进行 DWD 层搜索次数明细表的建设,代码如下:

```
#TaskInfo#
creator = 'zhangsan'
```

```
source = {
    'db': META['hive'],
}

target = {
    'db': META['test'],
    'table': 'dwd_video_click_i_d',
}

#Load
#这里填写一个能加载数据的SQL,非Hive2Hive流程可留空
-- 动态分区
SET hive.exec.dynamic.partition.mode = nonstrict;
SET hive.exec.dynamic.partition = true;
SET hive.exec.max.dynamic.partitions = 1000;
-- Hive优化
set hive.merge.mapfiles = true;
set hive.merge.mapredfiles = true;
set hive.merge.size.per.task = 256000000;
set hive.mergejob.maponly = true;
set hive.merge.smallfiles.avgsize = 16000000;

    -- DWD层点击流量明细表
insert overwrite table test.dwd_stars_click_i_d partition(log_date = '<% = log_date %>')
select
    a.avid,
    case when a.user_id = 0 then null else a.user_id end AS user_id,
    a.stime,
    a.ip,
    a.buvid,
    a.cookie_sid,
    a.duration,
    a.type,
    case
        when a.sid > 0 and a.epid > 0 then s.season_type_name
        else b_typename(b.tid)
    end as ogv_type_name,
    a.sid,
    a.stars_mode,
    a.platform,
    a.ogv_ogv_type_name
from
    (
        select
            avid,
            buvid,
            user_id,
            duration -- 播放时间
        from
```

```
                ods.t_video_stars_i_d
            WHERE
                log_date = '<% = log_date %>'
            and avid > 0
            and buvid <> '' and buvid <> '0'
            and buvid is not null
    ) a
left join
    (
        SELECT
            season_id,
            season_type_name
        FROM
            bili_ogv.dim_season_full_d
        WHERE
            log_date = '<% = log_date %>'
    ) s on s.season_id = a.sid


# TargetDDL
# -- 目标表表结构
CREATE TABLE IF NOT EXISTS `test.dwd_stars_click_i_d`
(
 ,avid             bigint          comment 'ID'
 ,user_id          bigint          comment '用户 ID'
 ,stime            string          comment '搜索时间'
 ,ip               string          comment 'IP 地址'
 ,buvid            string          comment '设备 ID'
 ,cookie_sid       string          comment 'cookie_sid'
 ,type             bigint          comment '类型,1,2,3,4'
 ,ogv_type_name    string          comment '类型名称'
 ,sid              bigint          comment '系列 ID'
 ,stars_mode       bigint          comment '播放方式'
 ,platform         int             comment '播放设备类型'
)
COMMENT '搜索明细表'
PARTITIONED BY (pt string COMMENT '分区字段: YYYY-MM-DD')
STORED AS ORC;
```

建设完 DWD 层数据模型后,要对数据进行维度层 DWM 的建设(包含各种维度和粒度的聚合数据),以保证后续数据集市的顺利开发,代码如下:

```
# TaskInfo #
creator = 'zhangsan'
source = {
    'db': META['hive'],
```

```
}
target = {
    'db': META['hive_study_db'],
    'table': 'dwm_play_click_i_d',
}

# Load
# 这里填写一个能加载数据的 SQL, 非 Hive2Hive 流程请留空
-- 动态分区
SET hive.exec.dynamic.partition.mode = nonstrict;
SET hive.exec.dynamic.partition = true;
SET hive.exec.max.dynamic.partitions = 1000;
-- Hive 优化
set hive.merge.mapfiles = true;
set hive.merge.mapredfiles = true;
set hive.merge.size.per.task = 256000000;
set hive.mergejob.maponly = true;
set hive.merge.smallfiles.avgsize = 16000000;

insert overwrite table hive_study_db.dwm_play_user_season_click_i_d partition (log_date = '<% = log_date %>')

SELECT
    tb1.user_id,
    tb1.season_id,
    count(*) as vv_cnt_1d -- 当日搜索次数
FROM
    tmp.dwd_play_click_i_d tb1
where
    tb1.log_date = '<% = log_date %>'
and tb1.r_type = 1
group by
    tb1.user_id,
    tb1.season_id,


insert overwrite table hive_study_db.dwm_play_season_click_i_d partition (log_date = '<% = log_date %>')

SELECT
    tb1.season_id,
    count(*) as vv_cnt_1d -- 当日搜索次数
FROM
    tmp.dwd_play_click_i_d tb1
where
    tb1.log_date = '<% = log_date %>'
and tb1.r_type = 1
group by
```

```
    tb1.season_id

insert overwrite table hive_study_db.dwm_play_avid_click_i_d partition (log_date = '<% =
log_date %>')

SELECT
    tb1.avid,
    count( * ) as vv_cnt_1d -- 当日搜索次数
FROM
    tmp.dwd_play_click_i_d tb1
where
    tb1.log_date = '<% = log_date %>'
and tb1.r_type = 1
group by
    tb1.avid
```

开发完 DIM 和 DWM 层后,要确认需要的指标,通常也是模块化的(如近 30 天、近 60 天、近 90 天的搜索次数。是否上过热搜榜,以及近 30 天、60 天、90 天的新闻数量等),代码如下:

```
#TaskInfo#
creator = 'zhangsan'
source = {
    'db': META['hive'],
}

stream = {}

target = {
    'db': META['hive_study_db'],
    'table': 'dws_user_coupon_psf_full_d',
}
    -- DWS 层明星搜索画像汇总表
#Load
#这里填写一个能加载数据的 SQL,非 Hive2Hive 流程可留空
-- 动态分区
SET hive.exec.dynamic.partition.mode = nonstrict;
SET hive.exec.dynamic.partition = true;
SET hive.exec.max.dynamic.partitions = 1000;
-- Hive 优化
set hive.merge.mapfiles = true;
set hive.merge.mapredfiles = true;
set hive.merge.size.per.task = 256000000;
set hive.mergejob.maponly = true;
set hive.merge.smallfiles.avgsize = 16000000;

insert overwrite table hive_study_db.dws_user_portrait_search_i_d partition (log_date = '<% =
log_date %>')
```

```sql
-------------------------------- 明星搜索画像 --------------------------------
SELECT
    tt1.user_id,
    tt1.uname,
    tt1.level,
    ------------------------ 每日搜索时长 ------------------------------------
    -- 总搜索时长
    COALESCE(tt2.search_amt_1d,0) as search_amt_1d,
    COALESCE(tt2.search_amt_3d,0) as search_amt_3d,
    COALESCE(tt2.search_amt_7d,0) as search_amt_7d,
    COALESCE(tt2.search_amt_15d,0) as search_amt_15d,
    COALESCE(tt2.search_amt_30d,0) as search_amt_30d,
    COALESCE(tt2.search_amt_90d,0) as search_amt_90d,
    COALESCE(tt2.search_amt_180d,0) as search_amt_180d,
    -- Web 总搜索时长
    COALESCE(tt2.web_search_amt_1d,0) as web_search_amt_1d,
    COALESCE(tt2.web_search_amt_3d,0) as web_search_amt_3d,
    COALESCE(tt2.web_search_amt_7d,0) as web_search_amt_7d,
    COALESCE(tt2.web_search_amt_15d,0) as web_search_amt_15d,
    COALESCE(tt2.web_search_amt_30d,0) as web_search_amt_30d,
    COALESCE(tt2.web_search_amt_90d,0) as web_search_amt_90d,
    COALESCE(tt2.web_search_amt_180d,0) as web_search_amt_180d,
    -- App 总搜索时长
    COALESCE(tt2.app_search_amt_1d,0) as app_search_amt_1d,
    COALESCE(tt2.app_search_amt_3d,0) as app_search_amt_3d,
    COALESCE(tt2.app_search_amt_7d,0) as app_search_amt_7d,
    COALESCE(tt2.app_search_amt_15d,0) as app_search_amt_15d,
    COALESCE(tt2.app_search_amt_30d,0) as app_search_amt_30d,
    COALESCE(tt2.app_search_amt_90d,0) as app_search_amt_90d,
    COALESCE(tt2.app_search_amt_180d,0) as app_search_amt_180d,
    ---------------------- 每日搜索次数 --------------------------------------
    COALESCE(tt3.click_amt_1d,0) as click_amt_1d,
    COALESCE(tt3.click_amt_3d,0) as click_amt_3d,
    COALESCE(tt3.click_amt_7d,0) as click_amt_7d,
    COALESCE(tt3.click_amt_15d,0) as click_amt_15d,
    COALESCE(tt3.click_amt_30d,0) as click_amt_30d,
    COALESCE(tt3.click_amt_90d,0) as click_amt_90d,
    COALESCE(tt3.click_amt_180d,0) as click_amt_180d,
    -- Web 总搜索次数
    COALESCE(tt3.web_click_amt_1d,0) as web_click_amt_1d,
    COALESCE(tt3.web_click_amt_3d,0) as web_click_amt_3d,
    COALESCE(tt3.web_click_amt_7d,0) as web_click_amt_7d,
    COALESCE(tt3.web_click_amt_15d,0) as web_click_amt_15d,
    COALESCE(tt3.web_click_amt_30d,0) as web_click_amt_30d,
    COALESCE(tt3.web_click_amt_90d,0) as web_click_amt_90d,
    COALESCE(tt3.web_click_amt_180d,0) as web_click_amt_180d,
    -- App 总搜索次数
    COALESCE(tt3.app_click_amt_1d,0) as app_click_amt_1d,
```

```sql
            COALESCE(tt3.app_click_amt_3d,0) as app_click_amt_3d,
            COALESCE(tt3.app_click_amt_7d,0) as app_click_amt_7d,
            COALESCE(tt3.app_click_amt_15d,0) as app_click_amt_15d,
            COALESCE(tt3.app_click_amt_30d,0) as app_click_amt_30d,
            COALESCE(tt3.app_click_amt_90d,0) as app_click_amt_90d,
            COALESCE(tt3.app_click_amt_180d,0) as app_click_amt_180d
FROM
    (
        -- 明星维度表
        SELECT
            tb1.user_id,
            tb1.uname,
            tb1.level
        FROM
            hive_study_db.dim_user_full_d tb1
        where
            tb1.log_date = '<% = log_date %>'
    ) tt1
left join
    (
        ------------------------每日搜索时长------------------------
        SELECT
            tb1.user_id as user_id,
            -- 总搜索时长
            sum(case when tb1.log_date >= '<% = log_date %>' and tb1.log_date <= '<% = log_date %>' then tb1.searched_time else null end) as search_amt_1d,
                                            -- 1 天前至昨天总搜索时长
            sum(case when tb1.log_date >= '<% = log_date - 3 %>' and tb1.log_date <= '<% = log_date %>' then tb1.searched_time else null end) as search_amt_3d,
                                            -- 3 天前至昨天总搜索时长
            sum(case when tb1.log_date >= '<% = log_date - 7 %>' and tb1.log_date <= '<% = log_date %>' then tb1.searched_time else null end) as search_amt_7d,
                                            -- 7 天前至昨天总搜索时长
            sum(case when tb1.log_date >= '<% = log_date - 15 %>' and tb1.log_date <= '<% = log_date %>' then tb1.searched_time else null end) as search_amt_15d,
                                            -- 15 天前至昨天总搜索时长
            sum(case when tb1.log_date >= '<% = log_date - 30 %>' and tb1.log_date <= '<% = log_date %>' then tb1.searched_time else null end) as search_amt_30d,
                                            -- 30 天前至昨天总搜索时长
            sum(case when tb1.log_date >= '<% = log_date - 60 %>' and tb1.log_date <= '<% = log_date %>' then tb1.searched_time else null end) as search_amt_60d,
                                            -- 60 天前至昨天总搜索时长
            sum(case when tb1.log_date >= '<% = log_date - 90 %>' and tb1.log_date <= '<% = log_date %>' then tb1.searched_time else null end) as search_amt_90d,
                                            -- 90 天前至昨天总搜索时长
            sum(case when tb1.log_date >= '<% = log_date - 180 %>' and tb1.log_date <= '<% = log_date %>' then tb1.searched_time else null end) as search_amt_180d,
                                            -- 180 天前至昨天总搜索时长
            -- Web 总搜索时长
```

```sql
            sum(case when tb1.search_type_name = 'web' and tb1.log_date >= '<%= log_date
%>' and tb1.log_date <= '<%= log_date %>' then tb1.searched_time else null end) as web_
search_amt_1d, -- 1 天前至昨天 Web 总搜索时长
            sum(case when tb1.search_type_name = 'web' and tb1.log_date >= '<%= log_date -
3 %>' and tb1.log_date <= '<%= log_date %>' then tb1.searched_time else null end) as web_
search_amt_3d, -- 3 天前至昨天 Web 总搜索时长
            sum(case when tb1.search_type_name = 'web' and tb1.log_date >= '<%= log_date -
7 %>' and tb1.log_date <= '<%= log_date %>' then tb1.searched_time else null end) as web_
search_amt_7d, -- 7 天前至昨天 Web 总搜索时长
            sum(case when tb1.search_type_name = 'web' and tb1.log_date >= '<%= log_date -
15 %>' and tb1.log_date <= '<%= log_date %>' then tb1.searched_time else null end) as web_
search_amt_15d, -- 15 天前至昨天 Web 总搜索时长
            sum(case when tb1.search_type_name = 'web' and tb1.log_date >= '<%= log_date -
30 %>' and tb1.log_date <= '<%= log_date %>' then tb1.searched_time else null end) as web_
search_amt_30d, -- 30 天前至昨天 Web 总搜索时长
            sum(case when tb1.search_type_name = 'web' and tb1.log_date >= '<%= log_date -
60 %>' and tb1.log_date <= '<%= log_date %>' then tb1.searched_time else null end) as web_
search_amt_60d, -- 60 天前至昨天 Web 总搜索时长
            sum(case when tb1.search_type_name = 'web' and tb1.log_date >= '<%= log_date -
90 %>' and tb1.log_date <= '<%= log_date %>' then tb1.searched_time else null end) as web_
search_amt_90d, -- 90 天前至昨天 Web 总搜索时长
            sum(case when tb1.search_type_name = 'web' and tb1.log_date >= '<%= log_date -
180 %>' and tb1.log_date <= '<%= log_date %>' then tb1.searched_time else null end) as web_
search_amt_180d, -- 180 天前至昨天 Web 总搜索时长
            -- App 总搜索时长
            sum(case when tb1.search_type_name = 'app' and tb1.log_date >= '<%= log_date
%>' and tb1.log_date <= '<%= log_date %>' then tb1.searched_time else null end) as app_
search_amt_1d, -- 1 天前至昨天 App 总搜索时长
            sum(case when tb1.search_type_name = 'app' and tb1.log_date >= '<%= log_date -
3 %>' and tb1.log_date <= '<%= log_date %>' then tb1.searched_time else null end) as app_
search_amt_3d, -- 3 天前至昨天 App 总搜索时长
            sum(case when tb1.search_type_name = 'app' and tb1.log_date >= '<%= log_date -
7 %>' and tb1.log_date <= '<%= log_date %>' then tb1.searched_time else null end) as app_
search_amt_7d, -- 7 天前至昨天 App 总搜索时长
            sum(case when tb1.search_type_name = 'app' and tb1.log_date >= '<%= log_date -
15 %>' and tb1.log_date <= '<%= log_date %>' then tb1.searched_time else null end) as app_
search_amt_15d, -- 15 天前至昨天 App 总搜索时长
            sum(case when tb1.search_type_name = 'app' and tb1.log_date >= '<%= log_date -
30 %>' and tb1.log_date <= '<%= log_date %>' then tb1.searched_time else null end) as app_
search_amt_30d, -- 30 天前至昨天 App 总搜索时长
            sum(case when tb1.search_type_name = 'app' and tb1.log_date >= '<%= log_date -
60 %>' and tb1.log_date <= '<%= log_date %>' then tb1.searched_time else null end) as app_
search_amt_60d, -- 60 天前至昨天 App 总搜索时长
            sum(case when tb1.search_type_name = 'app' and tb1.log_date >= '<%= log_date -
90 %>' and tb1.log_date <= '<%= log_date %>' then tb1.searched_time else null end) as app_
search_amt_90d, -- 90 天前至昨天 App 总搜索时长
            sum(case when tb1.search_type_name = 'app' and tb1.log_date >= '<%= log_date -
180 %>' and tb1.log_date <= '<%= log_date %>' then tb1.searched_time else null end) as app_
search_amt_180d -- 180 天前至昨天 App 总搜索时长
```

```sql
        FROM
              hive_study_db.dwb_search_duration_i_d tb1
        where
              tb1.log_date >= '<%= log_date - 180 %>'
        and tb1.log_date <= '<%= log_date %>'
        and tb1.user_id <> 0  -- user_id = 0 就是没登录的明星
        group by
              tb1.user_id
    ) tt2 on tt1.user_id = tt2.user_id
left join
    (
            --------------------- 每日搜索次数 ---------------------------------
        SELECT
              tb1.user_id as user_id,
            -- 总搜索次数
              sum(case when tb1.log_date >= '<%= log_date %>' and tb1.log_date <= '<%= log_date %>' then tb1.click_cnt_1d else null end) as click_amt_1d, -- 1 天前至昨天总搜索次数
              sum(case when tb1.log_date >= '<%= log_date - 3 %>' and tb1.log_date <= '<%= log_date %>' then tb1.click_cnt_1d else null end) as click_amt_3d, -- 3 天前至昨天总搜索次数
              sum(case when tb1.log_date >= '<%= log_date - 7 %>' and tb1.log_date <= '<%= log_date %>' then tb1.click_cnt_1d else null end) as click_amt_7d, -- 7 天前至昨天总搜索次数
              sum(case when tb1.log_date >= '<%= log_date - 15 %>' and tb1.log_date <= '<%= log_date %>' then tb1.click_cnt_1d else null end) as click_amt_15d, -- 15 天前至昨天总搜索次数
              sum(case when tb1.log_date >= '<%= log_date - 30 %>' and tb1.log_date <= '<%= log_date %>' then tb1.click_cnt_1d else null end) as click_amt_30d, -- 30 天前至昨天总搜索次数
              sum(case when tb1.log_date >= '<%= log_date - 60 %>' and tb1.log_date <= '<%= log_date %>' then tb1.click_cnt_1d else null end) as click_amt_60d, -- 60 天前至昨天总搜索次数
              sum(case when tb1.log_date >= '<%= log_date - 90 %>' and tb1.log_date <= '<%= log_date %>' then tb1.click_cnt_1d else null end) as click_amt_90d, -- 90 天前至昨天总搜索次数
              sum(case when tb1.log_date >= '<%= log_date - 180 %>' and tb1.log_date <= '<%= log_date %>' then tb1.click_cnt_1d else null end) as click_amt_180d,
                                                                                -- 180 天前至昨天总搜索次数
            -- 总搜索次数
              sum(case when tb1.search_type_name = 'web' and tb1.log_date >= '<%= log_date %>' and tb1.log_date <= '<%= log_date %>' then tb1.click_cnt_1d else null end) as web_click_amt_1d, -- 1 天前至昨天 Web 总搜索次数
              sum(case when tb1.search_type_name = 'web' and tb1.log_date >= '<%= log_date - 3 %>' and tb1.log_date <= '<%= log_date %>' then tb1.click_cnt_1d else null end) as web_click_amt_3d, -- 3 天前至昨天 Web 总搜索次数
              sum(case when tb1.search_type_name = 'web' and tb1.log_date >= '<%= log_date - 7 %>' and tb1.log_date <= '<%= log_date %>' then tb1.click_cnt_1d else null end) as web_click_amt_7d, -- 7 天前至昨天 Web 总搜索次数
              sum(case when tb1.search_type_name = 'web' and tb1.log_date >= '<%= log_date - 15 %>' and tb1.log_date <= '<%= log_date %>' then tb1.click_cnt_1d else null end) as web_click_amt_15d, -- 15 天前至昨天 Web 总搜索次数
              sum(case when tb1.search_type_name = 'web' and tb1.log_date >= '<%= log_date - 30 %>' and tb1.log_date <= '<%= log_date %>' then tb1.click_cnt_1d else null end) as web_click_amt_30d, -- 30 天前至昨天 Web 总搜索次数
```

```sql
                sum(case when tb1.search_type_name = 'web' and tb1.log_date >= '<%= log_date -
60 %>' and tb1.log_date <= '<%= log_date %>' then tb1.click_cnt_1d else null end) as web_
click_amt_60d, -- 60 天前至昨天 Web 总搜索次数
                sum(case when tb1.search_type_name = 'web' and tb1.log_date >= '<%= log_date -
90 %>' and tb1.log_date <= '<%= log_date %>' then tb1.click_cnt_1d else null end) as web_
click_amt_90d, -- 90 天前至昨天 Web 总搜索次数
                sum(case when tb1.search_type_name = 'web' and tb1.log_date >= '<%= log_date -
180 %>' and tb1.log_date <= '<%= log_date %>' then tb1.click_cnt_1d else null end) as web_
click_amt_180d, -- 180 天前至昨天 Web 总搜索次数
                -- 总搜索次数
                sum(case when tb1.search_type_name = 'app' and tb1.log_date >= '<%= log_date
%>' and tb1.log_date <= '<%= log_date %>' then tb1.click_cnt_1d else null end) as app_click_
amt_1d, -- 1 天前至昨天 App 总搜索次数
                sum(case when tb1.search_type_name = 'app' and tb1.log_date >= '<%= log_date -
3 %>' and tb1.log_date <= '<%= log_date %>' then tb1.click_cnt_1d else null end) as app_
click_amt_3d, -- 3 天前至昨天 App 总搜索次数
                sum(case when tb1.search_type_name = 'app' and tb1.log_date >= '<%= log_date -
7 %>' and tb1.log_date <= '<%= log_date %>' then tb1.click_cnt_1d else null end) as app_
click_amt_7d, -- 7 天前至昨天 App 总搜索次数
                sum(case when tb1.search_type_name = 'app' and tb1.log_date >= '<%= log_date -
15 %>' and tb1.log_date <= '<%= log_date %>' then tb1.click_cnt_1d else null end) as app_
click_amt_15d, -- 15 天前至昨天 App 总搜索次数
                sum(case when tb1.search_type_name = 'app' and tb1.log_date >= '<%= log_date -
30 %>' and tb1.log_date <= '<%= log_date %>' then tb1.click_cnt_1d else null end) as app_
click_amt_30d, -- 30 天前至昨天 App 总搜索次数
                sum(case when tb1.search_type_name = 'app' and tb1.log_date >= '<%= log_date -
60 %>' and tb1.log_date <= '<%= log_date %>' then tb1.click_cnt_1d else null end) as app_
click_amt_60d, -- 60 天前至昨天 App 总搜索次数
                sum(case when tb1.search_type_name = 'app' and tb1.log_date >= '<%= log_date -
90 %>' and tb1.log_date <= '<%= log_date %>' then tb1.click_cnt_1d else null end) as app_
click_amt_90d, -- 90 天前至昨天 App 总搜索次数
                sum(case when tb1.search_type_name = 'app' and tb1.log_date >= '<%= log_date -
180 %>' and tb1.log_date <= '<%= log_date %>' then tb1.click_cnt_1d else null end) as app_
click_amt_180d -- 180 天前至昨天 App 总搜索次数
            FROM
                hive_study_db.dwb_search_click_i_d tb1
            where
                tb1.log_date >= '<%= log_date - 180 %>'
            and tb1.log_date <= '<%= log_date %>'
            and tb1.user_id <> 0 -- user_id = 0 就是没登录的明星
            group by
                tb1.user_id
    ) tt3 on tt1.user_id = tt3.user_id
```

最后按照需求方的要求，按照不同的业务域进行 ADS 层建设（如明星看板、作品看板、影视作品的竞品分析等），并对数据进行归档操作，代码如下：

```
#TaskInfo#
creator = 'zhangsan'
```

```
source = {
    'db': META['hive'],
}

stream = {}

target = {
    'db': META['tmp'],
    'table': 'ads_rpt_play_info_i_d',
}
```

\# Load
\# 这里填写一个能加载数据的 SQL,非 Hive2Hive 流程可留空
-- 动态分区
SET hive.exec.dynamic.partition.mode = nonstrict;
SET hive.exec.dynamic.partition = true;
SET hive.exec.max.dynamic.partitions = 1000;
-- Hive 优化
set hive.merge.mapfiles = true;
set hive.merge.mapredfiles = true;
set hive.merge.size.per.task = 256000000;
set hive.mergejob.maponly = true;
set hive.merge.smallfiles.avgsize = 16000000;

  -- ADS 层明星搜索画像应用表
insert overwrite table tmp.ads_rpt_play_info_i_d partition (log_date = '<% = log_date %>')

SELECT
  tt1.user_id,
  tt1.uname,
  tt1.play_amt_1d,
  tt1.play_amt_1d_7d,
from
  (
    SELECT
      tb1.user_id as user_id,
      sum(case when tb1.log_date = '<% = log_date %>' then tb1.play_amt_1d else null end) as play_amt_1d, -- 当日搜索时长
      sum(case when tb1.log_date = '<% = log_date - 7 %>' then tb1.play_amt_1d else null end) as play_amt_1d_7d, -- 7 日前播放时长
      sum(case when tb1.log_date = '<% = log_date %>' then tb1.vv_amt_1d else null end) as vv_amt_1d, -- 当日搜索量
      sum(case when tb1.log_date = '<% = log_date - 7 %>' then tb1.vv_amt_1d else null end) as vv_amt_1d_7d, -- 7 日前搜索量
      sum(
        case when from_unixtime(unix_timestamp(tb1.log_date,'yyyymmdd'),'yyyy-mm-dd') >= date_add(from_unixtime(unix_timestamp('<% = log_date %>','yyyymmdd'),'yyyy-mm-dd'),1 - case when dayofweek(from_unixtime(unix_timestamp('<% = log_date %>','yyyymmdd'),'yyyy-mm-dd')) = 1 then 7 else dayofweek(from_unixtime(unix_timestamp('<% = log_date %>','yyyymmdd'),'yyyy-mm-dd')) - 1 end) -- 本周第 1 天

```sql
                    and tb1.log_date <= '<%=log_date%>'
                then tb1.vv_amt_1d else 0 end)
                as vv_amt_1d_thisw, -- 当周搜索量
            sum(
                case when from_unixtime(unix_timestamp(tb1.log_date,'yyyymmdd'),'yyyy-mm-dd') >= date_add(from_unixtime(unix_timestamp('<%=log_date - 7%>','yyyymmdd'),'yyyy-mm-dd'),1 - case when dayofweek(from_unixtime(unix_timestamp('<%=log_date - 7%>','yyyymmdd'),'yyyy-mm-dd')) = 1 then 7 else dayofweek(from_unixtime(unix_timestamp('<%=log_date - 7%>','yyyymmdd'),'yyyy-mm-dd')) - 1 end) -- 上周第1天
                    and from_unixtime(unix_timestamp(tb1.log_date,'yyyymmdd'),'yyyy-mm-dd') <= date_add(from_unixtime(unix_timestamp('<%=log_date - 7%>','yyyymmdd'),'yyyy-mm-dd'),7 - case when dayofweek(from_unixtime(unix_timestamp('<%=log_date - 7%>','yyyymmdd'),'yyyy-mm-dd')) = 1 then 7 else dayofweek(from_unixtime(unix_timestamp('<%=log_date - 7%>','yyyymmdd'),'yyyy-mm-dd')) - 1 end) -- 上周最后一天
                then tb1.vv_amt_1d else 0 end)
                as vv_amt_1d_lastw, -- 上周搜索量
            sum(
                case when from_unixtime(unix_timestamp(tb1.log_date,'yyyymmdd'),'yyyy-mm-dd') >= trunc(from_unixtime(unix_timestamp('<%=log_date%>','yyyymmdd'),'yyyy-mm-dd'),'MM') -- 本月第1天
                    and tb1.log_date <= '<%=log_date%>'
                then tb1.vv_amt_1d else 0 end)
                as vv_amt_1d_thism, -- 当月搜索量
            sum(
                case when from_unixtime(unix_timestamp(tb1.log_date,'yyyymmdd'),'yyyy-mm-dd') >= trunc(add_months( from_unixtime(unix_timestamp('<%=log_date%>','yyyymmdd'),'yyyy-mm-dd'),-1),'MM') -- 上个月第1天
                    and from_unixtime(unix_timestamp(tb1.log_date,'yyyymmdd'),'yyyy-mm-dd') <= date_sub(trunc( from_unixtime(unix_timestamp('<%=log_date%>','yyyymmdd'),'yyyy-mm-dd'),'MM'),1) -- 上个月最后一天
                then tb1.vv_amt_1d else 0 end)
                as vv_amt_1d_lastm -- 上个月搜索量
        FROM
            tmp.dws_user_portrait_play_i_d tb1
        where
            tb1.log_date >= '<%=log_date - 63%>'
        group by
            tb1.user_id
    ) tt1
left join
    (
        SELECT
            tb1.user_id,
            tb1.uname
        FROM
            tmp.dim_user_a_d tb1
        where
            tb1.log_date = '<%=log_date%>'
    ) tt2 on tt1.user_id = tt2.user_id
```

3．数据扩展

由于该行业的公司必定有自己内部的相同维度的行为播放数据，所以为了后续方便查询这里的平台用户，在这里使用外部数据进行关联，完成 ONE-ID 转化，并生成应用层的数据资产。

4．管理维护

在权限管理上，严格按照部门及员工 ERP 进行管控。同时，在整个数据应用的链路上进行 DQC 和 SLA 控制，以保证数据的完整性和稳定的产出。在应用维护上，需要至少两名员工进行支撑，可以通过拉群的方式随时进行答疑，以防止各种可能产生的问题。

11.2.4 项目难点

本项目最大的难点有两个。

（1）本项目的数据源极多且杂，底层逻辑繁杂，涉及内部与外部多个数据源，并且部分外部数据可能夹杂着大量原始数据和部分 JSON 格式数据，这会导致数据仓库开发者在使 ODS 层至 DWD 层变得清晰时会花费大量时间，这对于敏捷开发是非常具有挑战的，所以可以以分模块和分主题域的方式进行迭代，以满足对数据需求。

（2）由于部分数据为外部数据，所以可能会导致各种突发情况，最终使数据为空或者丢失，在做好 DQC 的同时，还要有大量的兜底逻辑（这个兜底逻辑可以是应用层的兜底，也可以是数据侧的兜底），以保证下游在使用数据时不会看到整个应用数据都为空的情况。

11.2.5 项目思考

此项目的思考在于，为下游提供数据服务方向，由于运营和产品对于此类的数据需求较为庞大，所以不能在应用层都以看板的方式进行处理。建议读者在建设完第 1 版后，要尽快进行 OLAP 方面的建设，以满足下游的各维度各粒度的自助分析需求，从而更好地实现数据价值。

11.3 员工离职动因专项分析（人力资源业务）

11.3.1 项目背景

离职是人力分析和人才战略的重要一环，现有离职数据较为分散，并且未进行指标、标签沉淀与归纳,通过离职动因专项分析中的离职人员数据进行复盘解析,发现历史数据规律,找到人员离职的相关特征,并根据特征数据提前定位到人员可能要离职的倾向,达到预警效果。

11.3.2 业务视角分析

在项目开始之前需要梳理清楚业务痛点问题及从业务视角出发对员工离职动因进行分析。

1. 当前存在的痛点问题

(1) 专项指标标签缺失:由于之前未做离职侧相关应用指标沉淀,无法支撑下游对离职人群从各个角度的分析。

(2) 无法支撑看板数据应用:无专项应用数据支撑,导致后期做预警、在职员工运营类数据模型及取数代价较大。

2. 从业务视角出发,对离职员工情况进行思考

(1) What:离职带来怎样的损失,哪些人群离职概率高,哪些人群离职时造成的损失高。

(2) Why:离职的主要原因,离职的具体原因,哪些层面的因素会导致员工离职。

(3) How:公司组织该如何减少员工离职,针对员工采取行动以降低离职意愿,预测离职风险,前置完成招聘稳定团队,降低临时招聘风险。

3. 离职带来高损失与收益群体

(1) 损失群体:长期高绩效的员工、核心业务的员工、高潜力多晋升的员工。

(2) 收益群体:长期低绩效的员工、中低长期未晋升的员工。

4. 需要关注的群体

(1) 核心人才:团队负责人、高绩高潜人才。

(2) 高离职风险人群:试用期具备离职动向员工、高绩效低潜力员工、出勤率低的员工、组织或业务大变动的员工。

(3) 高替换成本人群:团队负责人、细分领域专才、负责核心业务员工与技术员工。

5. 离职动因专题分析标签及指标内容拆解

从个人视角与组织结构视角可对离职因素标签及指标内容进行拆分。

（1）个人视角因素拆解：包括最近考勤、最近几次绩效、晋升情况、薪酬福利等因素。

（2）组织视角因素拆解：包括业务线负责人变动、个人组织架构变动、组织中员工敬业度满意度情况、同部门最近离职情况、同职位最近离职情况。

可按照这几个层面的因素去指定相关指标与标签，以此查看离职员工画像与数据分布情况。

11.3.3 项目流程

1. 离职动因指标与标签梳理，以及业务背景理解

承接数据分析及内部构思对离职分析进行定义，理解对应指标、标签口径及需求背景，思考专题内容，对业务进行剖析。

2. 数据模型整理

员工维度表（驱动表）、DWD 层离职明细、员工调动、员工晋升等过程明细表、DWS 层不同周期下（30 天、60 天、90 天）考勤、员工晋升等汇总表等。

3. 模型建设

按照离职场景内容完成不同维度（部门、职位、职级、年龄段等）、员工颗粒度下数据模型设计，以员工基础信息维度表为主表通过关联各 DWD、DWS 数据模型加工标签资产，完成 ADS 员工离职动因专项分析。

ADS 层数据模型建表语句如下：

```
-- ADS 层员工离职动因分析应用表
CREATE TABLE xxx.`ads_xxxx_target_d`(
  `emp_id` string COMMENT '员工编号',
  `emp_name` string COMMENT '员工姓名',
  `emp_status` string COMMENT '员工状态',
  `gender` string COMMENT '性别',
  `age_period` string COMMENT '年龄分组',
  `education` string COMMENT '最高学历',
  `dept_id` string COMMENT '部门编号',
  `bu` string COMMENT '事业部',
  `dept1_name` string COMMENT '一级部门名称',
  `dept2_name` string COMMENT '二级部门名称',
  `dept3_name` string COMMENT '三级部门名称',
  `post1_name` string COMMENT '职位大类',
  `post2_name` string COMMENT '职位二类',
  `post3_name` string COMMENT '职位三类(子类)',
```

```sql
`service_age_mon` double COMMENT '司龄(月)',
`is_leader` string COMMENT '是否为主管(Y/N)',
`p_level` string COMMENT 'p线职级',
`m_level` string COMMENT 'm线职级',
`entry_date` string COMMENT '入职日期(yyyy-mm-dd)',
`resign_date` string COMMENT '离职日期(yyyy-mm-dd)',
`resign_type` string COMMENT '离职类型',
`resign_to` string COMMENT '离职去向',
`resign_detail_main_emp_reason` string COMMENT '主要离职原因-具体原因',
`resign_detail_minor_reason` string COMMENT '次要离职原因-具体原因',
`business_status` string COMMENT '业务状态(业务正常,业务调整)',
`is_probation` string COMMENT '是否试用期离职(Y/N)',
`is_contract_end` string COMMENT '是否合同结束(Y/N)',
`recruit_source` string COMMENT '招聘来源',
`is_core_talent` string COMMENT '是否核心人才(Y/N)',
`mbo_last1_6m` string COMMENT '最近第1次半年度/季度绩效(S,A,B)',
`mbo_last2nd_6m` string COMMENT '最近第2次半年度/季度绩效(S,A,B)',
`mbo_last3rd_6m` string COMMENT '最近第3次半年度/季度绩效(S,A,B)',
`mbo_last1_1y` string COMMENT '最近1次年度绩效',
`p_promote_cnt_3y` bigint COMMENT '最近3年p线晋升次数',
`m_promote_cnt_3y` bigint COMMENT '最近3年m线晋升次数',
`p_promote_rate_3y` double COMMENT '最近3年p线晋升速度',
`m_promote_rate_3y` double COMMENT '最近3年m线晋升速度',
`pm_promote_rate_td` double COMMENT '入职以来晋升速度',
`promote_date_last1` string COMMENT '最近一次晋升日期',
`promote_result_last1` string COMMENT '最近一次晋升结果',
`bu_change_cnt_6m` bigint COMMENT '最近6个月事业部变动次数',
`dept1_change_cnt_6m` bigint COMMENT '最近6个月一级部门变动次数',
`dept2_change_cnt_6m` bigint COMMENT '最近6个月二级部门变动次数',
`dept3_change_cnt_6m` bigint COMMENT '最近6个月三级部门变动次数',
`dept_change_cnt_6m` bigint COMMENT '最近6个月末级部门变动次数',
`dept_change_content_6m` string COMMENT '最近6月内部门变更具体信息',
`leader_change_cnt_6m` bigint COMMENT '最近6个月主管变动次数',
`dept_leader_change_content_6m` string COMMENT '最近6月内主管变更具体信息',
`dept_leader_change_cnt_6m` bigint COMMENT '最近6个月部门主管变动次数',
`is_leader_resign_6m` string COMMENT '是否最近6个月主管离职(Y/N)',
`resign_leader_name_6m` string COMMENT '最近6个月离职主管姓名',
`is_indirect_leader_resign_6m` string COMMENT '是否最近6个月间接主管离职(Y/N)',
`resign_indirect_leader_name_6m` string COMMENT '最近6个月离职间接主管姓名',
`is_dept_leader_resign_6m` string COMMENT '是否最近6个月部门主管离职(Y/N)',
`is_office_change_6m` string COMMENT '是否最近6个月工作地点变动(Y/N)',
`business_trip_days_3m` bigint COMMENT '最近3个月出差天数',
`attend_days_3m` bigint COMMENT '最近3个月出勤天数',
`dept1_satisfy_last1_scores` double COMMENT '最近一次一级部门满意度得分',
`dept1_dedicate_last1_scores` double COMMENT '最近一次一级部门敬业度得分',
`dept2_satisfy_last1_scores` double COMMENT '最近一次二级部门满意度得分',
`dept2_dedicate_last1_scores` double COMMENT '最近一次二级部门敬业度得分',
`dept3_satisfy_last1_scores` double COMMENT '最近一次三级部门满意度得分',
`dept3_dedicate_last1_scores` double COMMENT '最近一次三级部门敬业度得分',
```

```
`before_netease_experience_cnt` bigint COMMENT '工作经历次数',
`before_netease_experience_months_avg` double COMMENT '平均每段经历时长(月)',
`dept1_resign_cnt_3m` bigint COMMENT '最近3个月同一级部门离职人数',
`dept2_resign_cnt_3m` bigint COMMENT '最近3个月同二级部门离职人数',
`dept3_resign_cnt_3m` bigint COMMENT '最近3个月同三级部门离职人数',
`dept_resign_cnt_3m` bigint COMMENT '最近3个月同末级部门离职人数',
`same_dept1_post2_resign_cnt_3m` bigint COMMENT '最近3个月同一级部门同职级同职位二类离职人数',
`same_dept2_post2_resign_cnt_3m` bigint COMMENT '最近3个月同二级部门同职级同职位二类离职人数',
`work_avg_dur_6m` double COMMENT '最近6个月平均工作时长',
`work_avg_dur_3m` double COMMENT '最近3个月平均工作时长',
`work_avg_dur_1m` double COMMENT '最近1个月平均工作时长',
`work_long_time_days_rate_6m_01` double COMMENT '最近6个月工作时长超长天数占比',
`work_long_time_days_rate_3m_01` double COMMENT '最近3个月工作时长超长天数占比',
`work_long_time_days_rate_1m_01` double COMMENT '最近1个月工作时长超长天数占比',
`same_dept_work_avg_dur_3m` double COMMENT '最近3个月同一末级部门平均工作时长',
`same_dept_work_avg_dur_1m` double COMMENT '最近1个月同一末级部门平均工作时长',
`same_dept_work_long_time_rate_3m` double COMMENT '最近3个月同一末级部门工作时长超长人数占比',
`same_dept_work_long_time_rate_1m` double COMMENT '最近1个月同一末级部门工作时长超长人数占比',
`paid_vacation_hours_6m` double COMMENT '最近6个月休带薪假小时数',
`paid_vacation_hours_3m` double COMMENT '最近3个月休带薪假小时数',
`direct_regular_employee_cnt` bigint COMMENT '直接下属正式员工人数',
`work_base` string COMMENT '工作地区(base地)',
`dept1_leader_work_base` string COMMENT '一级部门负责人的工作基地',
`dept2_leader_work_base` string COMMENT '二级部门负责人的工作基地',
`dept3_leader_work_base` string COMMENT '三级部门负责人的工作基地',
`marriage_status` string COMMENT '婚姻状态(已婚/未婚/未说明)',
`dept1_resign_rate_3m` double COMMENT '最近3个月同一级部门离职率',
`dept2_resign_rate_3m` double COMMENT '最近3个月同二级部门离职率',
`dept3_resign_rate_3m` double COMMENT '最近3个月同三级部门离职率',
`dept_resign_rate_3m` double COMMENT '最近3个月同末级部门离职率',
`same_dept1_post2_resign_rate_3m` double COMMENT '最近3个月同一级部门同职级同职位二类离职率',
`same_dept2_post2_resign_rate_3m` double COMMENT '最近3个月同二级部门同职级同职位二类离职率',
`dept_emp_cnt_1d` bigint COMMENT '当前部门人数',
`dept_emp_cnt_6m` bigint COMMENT '当前部门6个月前人数',
`dept_post2_cnt_1d` bigint COMMENT '当前部门二级职类人数',
`dept_post2_cnt_6m` bigint COMMENT '当前部门二级职类6个月前人数')
```

4. 可视化看板与离职动因报告

通过离职动因专项分析,完成不同离职动因下群体的圈选,开发离职动因专题看板,通过时间周期与群体画像完成离职动因报告制作,并为决策层提供数据支持。

5．离职风险预测

针对重点关注人群、离职情况、业务形态对员工进行调研，看清离职因素背后的本质，完成更深一步离职群体关注专题分析。

11.3.4　项目思考

离职动因分析不仅用于当前场景分析，更应该用于风险预测，需要通过已有标签与指标及算法对目前现有员工离职动向进行分析以达到组织内部状态稳定。

11.4　征信系统专题分析

11.4.1　项目背景

征信系统是基于用户在平台上的行为数据和交易数据构建的信用评估系统。为了更好地利用这些数据并支持决策制定和风险管理，现在决定构建一个数据仓库项目来集中存储、处理和分析征信数据。

11.4.2　项目流程

通过数据采集工具从平台获取用户行为数据和交易数据。这些原始数据需要进行清洗和转换，以去除噪声（脏数据）、处理缺失值和格式化数据，确保数据的准确性和一致性。

（1）使用 Apache Hadoop 生态系统中的组件 HDFS 和 Apache Hive 存储和管理清洗后的数据。HBase 用于存储低延迟的实时数据，并支持快速查询和更新操作。

（2）使用 Apache Spark 和 Apache Flink 进行数据处理和计算，包括数据聚合、特征工程、模型训练和预测等。对海量数据进行高效处理分析。

（3）使用 Apache Kylin 构建多维数据模型，提供快速的 OLAP 查询分析能力。通过预计算和多维索引技术，加速数据查询和报表生成过程。

（4）使用 Tableau 和 Power BI 等数据可视化工具，创建交互式仪表板和报表，以便更好地理解和利用征信数据。

11.4.3　项目产出

构建中心化的数据仓库，存储和管理征信系统中的数据，为企业提供数据一致性和集中化的存储管理能力。

（1）使用大数据处理和计算技术，对海量的征信数据进行清洗、聚合、特征工程等处理，并支持模型训练和预测分析。

（2）使用多维数据建模技术，构建高性能的 OLAP 数据模型，并通过预计算和多维索引优化数据查询分析的性能。

（3）提供交互式的数据可视化和报表功能，更好地支持决策制定和风险管理。

在项目中数据查询使用的是 Hive，以下是几个案例，也是针对 Hive 的 SQL 提供的查询示例和建表语句。

信用数据模型(credit_data)建表，代码如下：

```
CREATE TABLE credit_data (
  user_id INT,
  credit_score INT,
  transaction_amount DECIMAL(10, 2),
  transaction_date DATE
)
STORED AS ORC;
```

贷款数据模型(loan_data)建表，代码如下：

```
CREATE TABLE loan_data (
  user_id INT,
  loan_amount DECIMAL(10, 2),
  overdue BOOLEAN,
  city STRING
)
STORED AS ORC;
```

需要注意，在 Hive 中使用的是 ORC 存储格式。

以下是相应的 Hive SQL 查询示例。

统计不同用户的信用评分分布情况，代码如下：

```
SELECT user_id, credit_score
FROM credit_data;
```

分析用户在不同时间段内的消费行为，代码如下：

```
SELECT user_id, transaction_amount, transaction_date
FROM credit_data
WHERE transaction_date BETWEEN '2023-01-01' AND '2023-12-31';
```

计算不同用户的逾期还款率，代码如下：

```sql
SELECT user_id, COUNT(*) AS total_loans, SUM(CASE WHEN overdue = true THEN 1 ELSE 0 END) AS overdue_loans,
       SUM(CASE WHEN overdue = true THEN 1 ELSE 0 END) / COUNT(*) AS overdue_rate
FROM loan_data
GROUP BY user_id;
```

分析用户在不同城市的借贷行为,代码如下:

```sql
SELECT city, COUNT(*) AS total_loans, AVG(loan_amount) AS average_loan_amount
FROM loan_data
GROUP BY city
ORDER BY total_loans DESC;
```

查找具有高风险潜力的用户群体,代码如下:

```sql
SELECT user_id, credit_score, transaction_amount
FROM credit_data
WHERE credit_score < 600 AND transaction_amount > 1000;
```

数据聚合使用 Spark 来对海量数据进行聚合分析,计算不同用户的信用评分的平均值和总和。使用 Spark 的 DataFrame API 来执行聚合操作。Spark DataFrame API 的代码如下:

```scala
val aggregatedData = creditData.groupBy("user_id").agg(avg("credit_score"), sum("credit_score"))
aggregatedData.show()
```

对于特征工程,使用 Spark 来进行特征工程处理,对用户的借贷行为数据进行特征提取。使用 Spark 的 DataFrame API 来执行特征转换和提取操作。Spark DataFrame API 的代码如下:

```scala
val featureData = creditData.select("user_id", "transaction_amount", "transaction_date")
//进行特征转换和提取操作,例如提取交易日期的年份作为特征
val transformedData = featureData.withColumn("transaction_year", year($"transaction_date"))
transformedData.show()
```

模型训练和预测,使用 Spark 对数据进行模型训练和预测,训练一个信用评分模型。使用 Spark MLlib 来执行机器学习算法和模型训练操作。Spark MLlib 的代码如下:

```scala
val featureData = creditData.select("user_id", "credit_score", "transaction_amount")
val featureAssembler = new VectorAssembler().setInputCols(Array("user_id", "transaction_amount")).setOutputCol("features")
val assembledData = featureAssembler.transform(featureData)
```

```
val lr = new LinearRegression().setLabelCol("credit_score").setFeaturesCol("features")
val lrModel = lr.fit(assembledData)

//预测新数据
val newData = Seq((1001, 5000.0)).toDF("user_id", "transaction_amount")
val transformedNewData = featureAssembler.transform(newData)
val predictedData = lrModel.transform(transformedNewData)

predictedData.show()
```

以上是使用 Apache Spark 进行数据处理和计算的征信系统数据仓库建设案例。

征信系统会分析以下几个关键指标。

（1）信用评分（Credit Score）：信用评分是根据用户的个人信息、消费行为、借贷记录等数据计算出的一个评分，用于评估用户的信用风险和还款能力。

（2）消费行为分析：征信系统会分析用户的消费行为，包括购买频率、购买金额、购买种类等指标。用来了解用户的消费能力和购买偏好，进而评估其信用水平。

（3）借贷记录分析：系统会分析用户的借贷记录，包括贷款金额、还款记录、逾期情况等指标。用来评估用户的还款能力和借贷风险。

（4）资产状况分析：征信系统会分析用户的资产状况，包括房产、车辆、投资等信息。用来评估用户的财务状况和还款能力。

（5）行为模式分析：征信系统会分析用户的行为模式，包括网购偏好、购物时间段、收货地址变动等指标。用来了解用户的行为习惯和稳定性，进而评估其信用风险。

（6）反欺诈分析：征信系统会通过分析用户的行为数据和模式识别算法来检测和预防欺诈行为，可及时发现潜在的欺诈行为。

根据上述指标给出 Hive 建表语句和查询 SQL。

用户的基本信息表的建表语句如下：

```
CREATE TABLE user_profile (
  user_id INT,
  user_name STRING,
  age INT,
  location STRING
)
```

用户的发货状态信息表的建表语句如下：

```
CREATE TABLE shipment_status (
  user_id INT,
```

```
    shipment_status STRING
)
```

用于用户的支付状态信息表的建表语句如下:

```
CREATE TABLE payment_status (
    user_id INT,
    payment_status STRING
)
```

信用评分的建表语句如下:

```
CREATE TABLE credit_score (
    user_id INT,
    credit_score DOUBLE
)
```

查询 SQL 的代码如下:

```
SELECT user_id, AVG(credit_score) AS avg_credit_score, SUM(credit_score) AS total_credit_score
FROM credit_score
GROUP BY user_id
```

消费行为分析的建表语句如下:

```
CREATE TABLE purchase_behavior (
    user_id INT,
    purchase_frequency INT,
    purchase_amount DOUBLE,
    purchase_category STRING ,
    purchase_timestamp STRING
)
```

查询 SQL 的代码如下:

```
SELECT user_id, AVG(purchase_frequency) AS avg_purchase_frequency, SUM(purchase_amount) AS
total_purchase_amount
FROM purchase_behavior
GROUP BY user_id
```

借贷记录分析的建表语句如下:

```
CREATE TABLE loan_records (
    user_id INT,
    loan_amount DOUBLE,
```

```
  repayment_status STRING,
  loan_timestamp STRING
)
```

查询 SQL 的代码如下：

```sql
SELECT user_id, COUNT( * ) AS total_loans, SUM(loan_amount) AS total_loan_amount
FROM loan_records
GROUP BY user_id
```

资产状况分析的建表语句如下：

```sql
CREATE TABLE asset_status (
  user_id INT,
  property_value DOUBLE,
  vehicle_value DOUBLE,
  investment_value DOUBLE,
  asset_value DOUBLE
)
```

查询 SQL 的代码如下：

```sql
SELECT user_id, MAX(property_value) AS max_property_value, MAX(vehicle_value) AS max_vehicle
_value, MAX(investment_value) AS max_investment_value
FROM asset_status
GROUP BY user_id
```

行为模式分析的建表语句如下：

```sql
CREATE TABLE behavior_pattern (
  user_id INT,
  online_shopping_preference STRING,
  shopping_time_period STRING,
  address_changes INT
)
```

查询 SQL 的代码如下：

```sql
SELECT online_shopping_preference, COUNT( * ) AS total_users
FROM behavior_pattern
GROUP BY online_shopping_preference
```

反欺诈分析的建表语句如下：

```sql
CREATE TABLE fraud_detection (
  user_id INT,
```

```
    behavior_type STRING,
    detection_result STRING,
    fraud_timestamp STRING
)
```

查询 SQL 的代码如下：

```
SELECT behavior_type, COUNT( * ) AS total_occurrences
FROM fraud_detection
WHERE detection_result = 'fraud'
GROUP BY behavior_type
```

下面是涉及的复杂的查询分析，结合多张表和多个条件来执行更细致和深入的数据分析。

（1）用户信用评分与消费行为关联分析，查询每个用户的信用评分及其对应的平均购买金额和购买频率，代码如下：

```
SELECT c.user_id, c.credit_score, p.avg_purchase_amount, p.avg_purchase_frequency
FROM credit_score c
JOIN (
    SELECT user_id, AVG(purchase_amount) AS avg_purchase_amount, AVG(purchase_frequency) AS avg_purchase_frequency
    FROM purchase_behavior
    GROUP BY user_id
) p ON c.user_id = p.user_id
```

（2）用户借贷记录与资产状况关联分析，查询每个用户的借贷总额和对应的资产总值，代码如下：

```
SELECT l.user_id, SUM(l.loan_amount) AS total_loan_amount, MAX(a.property_value + a.vehicle_value + a.investment_value) AS total_asset_value
FROM loan_records l
JOIN asset_status a ON l.user_id = a.user_id
GROUP BY l.user_id
```

（3）用户消费行为趋势分析，查询每个用户在不同时间段的购买金额和购买频率，代码如下：

```
SELECT user_id, HOUR(purchase_timestamp) AS purchase_hour, SUM(purchase_amount) AS total_purchase_amount, COUNT( * ) AS purchase_count
FROM purchase_behavior
GROUP BY user_id, HOUR(purchase_timestamp)
```

（4）用户行为模式和反欺诈分析，查询具有欺诈行为的用户和其对应的行为模式，代码如下：

```sql
SELECT b.user_id, b.online_shopping_preference, b.shopping_time_period, f.detection_result
FROM behavior_pattern b
JOIN fraud_detection f ON b.user_id = f.user_id
WHERE f.detection_result = 'fraud'
```

下面是更加复杂的查询分析场景，涉及多表关联、条件筛选、分组统计和排序等操作。

（1）用户信用评分与消费行为关联分析，以及分组统计，查询每个用户在不同信用评分区间的平均购买金额和购买频率，代码如下：

```sql
SELECT c.credit_score_range, AVG(p.purchase_amount) AS avg_purchase_amount, AVG(p.purchase_frequency) AS avg_purchase_frequency
FROM (
  SELECT user_id, CASE
    WHEN credit_score >= 0 AND credit_score < 500 THEN '0-499'
    WHEN credit_score >= 500 AND credit_score < 700 THEN '500-699'
    WHEN credit_score >= 700 AND credit_score < 900 THEN '700-899'
    ELSE '900+'
  END AS credit_score_range
  FROM credit_score
) c
JOIN purchase_behavior p ON c.user_id = p.user_id
GROUP BY c.credit_score_range
```

（2）用户借贷记录与资产状况关联分析和排序，查询用户的借贷记录及其对应的资产总值，按资产总值降序排列，代码如下：

```sql
SELECT l.user_id, l.loan_amount, a.total_asset_value
FROM loan_records l
JOIN (
  SELECT user_id, SUM(property_value + vehicle_value + investment_value) AS total_asset_value
  FROM asset_status
  GROUP BY user_id
) a ON l.user_id = a.user_id
ORDER BY a.total_asset_value DESC
```

（3）用户消费行为趋势分析和时间窗口统计，查询每个用户最近 7 天内的每日购买金额总和和购买频率，代码如下：

```sql
SELECT user_id, DATE(purchase_timestamp) AS purchase_date, SUM(purchase_amount) AS total_purchase_amount, COUNT(*) AS purchase_count
FROM purchase_behavior
WHERE purchase_timestamp >= DATE_SUB(CURRENT_DATE, 7)
GROUP BY user_id, DATE(purchase_timestamp)
```

（4）用户行为模式和反欺诈分析联合查询，查询具有欺诈行为的用户及其欺诈行为的频率和最近一次欺诈行为时间，代码如下：

```
SELECT b.user_id, b.online_shopping_preference, b.shopping_time_period, f.fraud_count, f.latest_fraud_timestamp
FROM behavior_pattern b
JOIN (
    SELECT user_id, COUNT(*) AS fraud_count, MAX(fraud_timestamp) AS latest_fraud_timestamp
    FROM fraud_detection
    WHERE detection_result = 'fraud'
    GROUP BY user_id
) f ON b.user_id = f.user_id
```

下面是一些更复杂的 SQL 查询场景，涉及时间窗口分析、历史演变分析和综合分析等操作。

（1）用户信用评分和消费行为的时间窗口分析，查询每个用户在过去 30 天内的平均信用评分和平均购买金额，代码如下：

```
SELECT user_id, AVG(credit_score) AS avg_credit_score, AVG(purchase_amount) AS avg_purchase_amount
FROM (
    SELECT c.user_id, c.credit_score, p.purchase_amount
    FROM credit_score c
    JOIN purchase_behavior p ON c.user_id = p.user_id
    WHERE p.purchase_timestamp >= DATE_SUB(CURRENT_DATE, 30)
) t
GROUP BY user_id
```

（2）用户借贷记录和资产状况的历史演变分析，查询每个用户在不同时间点的借贷总额和资产总值，并按时间点排序，代码如下：

```
SELECT user_id, loan_date, total_loan_amount, total_asset_value
FROM (
    SELECT
     l.user_id,
     DATE(l.loan_timestamp) AS loan_date,
     SUM(l.loan_amount) OVER (PARTITION BY l.user_id ORDER BY l.loan_timestamp) AS total_loan_amount,
     SUM(a.property_value + a.vehicle_value + a.investment_value) OVER (PARTITION BY l.user_id ORDER BY l.loan_timestamp) AS total_asset_value
    FROM loan_records l
    JOIN asset_status a ON l.user_id = a.user_id
) t
```

（3）用户消费行为趋势和行为模式的综合分析，查询每个用户的消费频率、购买金额和

最常见的购买类别,代码如下:

```sql
WITH behavior_stats AS (
    SELECT user_id, AVG(purchase_frequency) AS avg_purchase_frequency, AVG(purchase_amount) AS avg_purchase_amount
    FROM purchase_behavior
    GROUP BY user_id
),
top_category AS (
    SELECT user_id, purchase_category, COUNT(*) AS category_count
    FROM purchase_behavior
    GROUP BY user_id, purchase_category
    QUALIFY ROW_NUMBER() OVER (PARTITION BY user_id ORDER BY COUNT(*) DESC) = 1
)
SELECT b.user_id, b.avg_purchase_frequency, b.avg_purchase_amount, c.purchase_category
FROM behavior_stats b
JOIN top_category c ON b.user_id = c.user_id
```

下面的案例涉及多个表的关联和条件筛选。通过 CTE(Common Table Expressions)对数据进行预处理和聚合,以便后续进行关联操作。在这个案例中,对用户行为、用户统计信息、用户购买类别、用户基本信息、发货状态和支付状态等数据进行了关联和筛选,代码如下:

```sql
WITH user_behavior AS (
    SELECT b.user_id, b.purchase_timestamp, b.purchase_amount, c.credit_score, l.loan_amount, a.asset_value
    FROM purchase_behavior b
    JOIN credit_score c ON b.user_id = c.user_id
    JOIN loan_records l ON b.user_id = l.user_id
    JOIN asset_status a ON b.user_id = a.user_id
    WHERE b.purchase_timestamp >= DATE_SUB(CURRENT_DATE, 365)
),
user_aggregate AS (
    SELECT user_id, SUM(purchase_amount) AS total_purchase_amount, AVG(loan_amount) AS avg_loan_amount, MAX(asset_value) AS max_asset_value
    FROM user_behavior
    GROUP BY user_id
),
user_category AS (
    SELECT user_id, purchase_category, COUNT(*) AS category_count
    FROM purchase_behavior
    GROUP BY user_id, purchase_category
    QUALIFY ROW_NUMBER() OVER (PARTITION BY user_id ORDER BY COUNT(*) DESC) = 1
),
top_users AS (
    SELECT ua.user_id, ua.total_purchase_amount, ua.avg_loan_amount, ua.max_asset_value, uc.purchase_category
```

```
  FROM user_aggregate ua
  JOIN user_category uc ON ua.user_id = uc.user_id
  WHERE ua.total_purchase_amount > 10000
),
final_result AS (
  SELECT tu.user_id, tu.total_purchase_amount, tu.avg_loan_amount, tu.max_asset_value, tu.
purchase_category, us.user_name, us.age, us.location
  FROM top_users tu
  JOIN user_profile us ON tu.user_id = us.user_id
)
SELECT fr.user_id, fr.total_purchase_amount, fr.avg_loan_amount, fr.max_asset_value, fr.
purchase_category, fr.user_name, fr.age, fr.location, s.shipment_status, p.payment_status
FROM final_result fr
JOIN shipment_status s ON fr.user_id = s.user_id
JOIN payment_status p ON fr.user_id = p.user_id
```

11.4.4 项目思考

（1）在处理征信数据时，数据质量是关键因素之一，确保数据的准确性、完整性和一致性是项目的重要任务。由于征信数据涉及个人隐私，项目需要严格遵守数据隐私法规，采取适当的安全措施保护用户数据的安全。

（2）针对征信数据，可能需要同时进行实时处理和批量处理。实时处理用于及时监控和响应异常行为，而批量处理用于长期趋势分析和模型训练。项目需要根据不同的业务需求，设计合适的数据处理及计算策略。

（3）随着业务的增长和数据量的增加，数据仓库需要具备良好的可扩展性和性能。项目应该考虑数据增长的趋势，并采用适当的技术和架构来支持数据规模的扩展，以确保系统的稳定。

（4）在数据仓库项目中，数据治理是至关重要的。确保数据的正确使用，建立数据治理流程，从而提高数据质量，同时应该对性能进行优化和改进，包括数据处理流程的优化、查询性能的优化、数据模型的改进等。要与业务团队密切合作，收集反馈并根据业务需求进行调整。

评 价 篇

第 12 章

评价数据仓库的好坏

评价数据仓库的好坏是对数据仓库全流程机制是否健全的评价,从技术方面而言,数据仓库应该具有成本、质量、效率要求,应该具有保障数据安全的能力,从业务方面而言,数据仓库应该支撑业务建设,覆盖尽可能多的业务场景,当需要数据时能够及时获取所需数据,能满足业务数据化需求。

本章从数据质量、数据模型、数据安全、成本性能等 4 个层面对数据仓库进行全面评价及分析。

12.1 数据质量层面评估

12.1.1 数据质量问题产生的原因

数据质量是数据仓库侧常见的问题,从技术层面而言,数据质量问题产生的原因主要如下。

(1) 缺少开发流程、数据校验流程、审核流程强管控。

(2) 数据模型设计存在问题。

(3) 数据源头存在问题,但未察觉及监控。

从技术层面而言,数据质量问题产生的原因主要如下。

(1) 业务流程中环节理解出现偏差。

(2) 源头业务逻辑变更未通知数据仓库开发者。

(3) 不同业务方对指标理解出现分歧而产生指标二义性。

12.1.2 数据质量评估方法

1. 准确性

描述数据和客观实体特征是否相一致,主要体现在数据质量监控层面与开发校验层面。

（1）数据质量监控层面：基础数据质量监控能否覆盖全链路，常用字段级质量监控是否配置，监控触发频率，以及监控精准度等。

（2）开发校验层面：是否具备指标开发后数据比对与数据探查工作，汇总数据能否与明细数据汇总对上（存在精度、多维计算后指标不齐的问题）。

2．及时性

描述业务数据能够被使用的及时程度，主要体现在数据产出保障层面与产出不及时临时处理层面。

（1）数据产出保障层面：是否有基线与SLA配置的情况、基线与SLA破线次数，以及未按时交付数据次数（被业务侧投诉）等。

（2）产出不及时临时处理层面：是否具备快速恢复能力（当数据未产出时，迅速定位还原），是否具备值班培训与值班手册，用于增强临时应对问题能力。

3．一致性

描述开发逻辑与业务逻辑是否一致及不同业务之间对指标理解是否一致，主要体现在指标统一收口层面与指标中心建设层面。

（1）指标统一收口层面：指标是否沉淀到汇总模型，提升复用率，统一数据来源，统一使用口径，达到指标收口。

（2）指标中心建设层面：是否具备指标录入、指标易查易用、指标展示、指标口径查询有处可循能力。

4．流程完整性

描述从数据问题预防到发生及事后流程是否具备规范性，主要体现在问题收集与跟踪层面和流程规范制定层面。

（1）问题收集与跟踪层面：是否具备收集问题、数据缺陷上报及修复后更新记录、数据质量问题每周或月报告的能力。

（2）流程规范制定层面：是否具备任务上线流程、指标变更及下线流程、模型设计与代码审核流程是否健全的能力。

12.2 数据模型层面评估

12.2.1 数据模型问题产生的原因

数据模型是数据仓库的核心,是一种规范且易用的数据模型,能大大地提升内部数据建设与业务方用数效率。

从技术层面而言,数据模型问题产生的主要原因如下:
(1) 缺少数据标准制定。
(2) 缺乏模型建设复用性及扩展性。
(3) 开发需求时着急上线,未考虑后续复用的情况,导致数据模型所对应的分层不合理。

从业务层面而言,数据模型问题产生的主要原因如下:
(1) 对业务流程各环节理解不够。
(2) 在设计数据模型时缺少指导。

12.2.2 数据模型评估方法

1. 规范性

描述数据模型元数据内容、模型设计具备的要素是否合规、数据模型所属分层设计、数据域及主题域是否划分合理。

(1) 数据模型元数据层面:表及字段命名合规、注释是否清晰、模型负责人是否准确、数据模型使用说明是否有描述、主键及关联键是否有注释等。

(2) 模型设计具备的要素是否合规:指数据模型设计时考虑的因素(数据域、事实类型、颗粒度、度量值、维度)是否都具备且合理。

(3) 数据模型所属分层设计:根据业务场景设计合理的数据仓库分层,按照数据模型的建设情况将数据放入不同的分层,这里切记不可使ODS层有跨层依赖。

(4) 数据域及主题域是否划分合理:存在对当前业务场景不理解或对数据域及主题域划分不清的问题,从而导致数据模型处于一个数据域及主题域(非跨域场景)。

2. 复用性及扩展性

描述CDM层数据模型被不同下游数据模型引用的情况、查询情况考量数据模型的价值及开发的数据模型后续拓展情况,以便达到易用的效果。

(1) 复用性层面:数据模型被下游引用及查询的程度(引用次数、读取次数、收藏次数、检索次数等),DWS层公共数据模型是否完备,DWS层数据模型不同维度、周期、颗粒度涵盖的公共指标是否齐全,以及能否为应用层数据模型提供复用能力。

(2) 扩展性层面:考量数据模型在后续开发中是否具有易扩展的情况、模型内容划分是否合理(基础字段、指标),新增数据模型与之前同数据仓库分层的数据模型是否出现重复建设的情况。

12.3 数据安全层面评估

12.3.1 数据安全问题产生的原因

数据安全是数据的核心保障,重视数据安全,提供全方位安全管控能力,同时在符合安全规范的要求下,诊断各种风险行为。

从技术层面而言,数据安全问题产生的主要原因如下:
(1) 未设立安全管控节点。
(2) 未对数据模型行列权限(读、写)进行限制,未对数据模型安全进行分级,未对字段进行脱敏等。

从业务层面而言,数据安全问题产生的主要原因如下:
(1) 各部门及业务对数据安全权限把控不到位。
(2) 对于数据展示未划分权限。

12.3.2 数据安全评估方法

1. 管控力

描述数据安全管控覆盖度,可从管控节点、数据模型行列权限(读、写)限制、数据模型安全分级、字段脱敏侧查看。

(1) 数据安全管控节点层面:申请使用数据时是否有节点负责人,并且需要节点负责人对数据模型足够熟悉、节点链路不可过短或过长,节点链路过长容易造成使用时流程烦琐,节点链路过短容易导致数据模型安全节点存在审核漏洞。

(2) 数据模型行列权限(读、写)限制层面:是否有行列权限申请强制审批流程。

(3) 数据模型安全分级层面：是否对数据模型安全按等级进行划分，同时联动到表及字段权限申请，是否对极为敏感的数据进行分库操作。

(4) 字段脱敏：是否采用脱敏方式对接入层或应用层数据模型进行脱敏操作，以便保障后续数据读取安全。

2．业务应用

描述对业务侧进行数据展示时的数据安全操作，可从不同部门侧展示，对不同使用者权限进行统一管控，并对数据下载进行监控。

(1) 业务侧权限管控层面：是否有对不同业务使用者或管理者在可视化数据时开放不同业务的使用权限，是否有根据业务侧部门限制使用权限。

(2) 数据下载：是否有对数据导出时制定数据下载审批流程节点，保证下载的数据未对外流出。

12.4 数据成本及性能层面评估

12.4.1 数据成本过高及性能过低的原因

在数据仓库建设过程中，业务更关心数据的产生和交付，对于数据的产出时间、数据任务消耗、存储资源等没有引起足够的重视，从而造成数据成本暴涨，企业很难明确数据仓库的成本和价值分布，以及无法明确降低成本的方向。

从技术层面而言，数据计算、存储问题产生的主要原因如下：

(1) 运行时间过长，导致数据延迟。

(2) 数据模型重复建设，导致任务需要重复开发并在线上运行。

(3) 线上无效任务及数据模型（无下游数据血缘、无看板使用等）运行较多。

(4) 数据价值与资源消耗不匹配。

(5) 数据倾斜，导致消耗与产出较晚。

(6) 未制定数据模型生命周期规范。

12.4.2 数据成本及性能层面评估方法

1．任务产出情况

描述数据任务产出稳定及时，能够为业务方及时提供数据内容支持，主要与数据任务产出时间相关。

数据任务产出层面：运行超过 x 小时任务数、全链路产出最终节点时间、基线破线次数、DQC 触发次数，以及值班人夜间起夜次数等。

2．计算及存储消耗情况

描述任务计算资源及数据模型存储资源消耗过高、浪费资源较多、数据价值与产出消耗不匹配（高消耗低价值）等情况。

（1）任务消耗过高层面：任务消耗是否大于平均消耗，任务运行时长是否大于平均时长、资源消耗与下游数据依赖不相符等。

（2）无效任务及数据模型层面：模型覆盖率、看板引用率、临时表占比、无效任务占比、无引用或临时表存储占比等。

3．烟囱数据模型

烟囱数据模型是描述重复建设浪费任务计算资源、浪费数据存储资源及未规范生命周期的数据模型。

（1）烟囱数据模型重复建设层面：同域下烟囱数据模型占比、指标重复加工占比等。

（2）无效任务及数据模型层面：无效数据模型且任务仍在线上执行数、生命周期未按照规定规范个数等。

第 13 章

数据价值

数据能力是一个很抽象的概念,数据能力具体是什么,数据价值又体现在哪里呢?其实数据自身是没有价值或者说其价值是微乎其微的,同时数据岗位都为支持岗,并不会为业务带来直接的价值,价值是被赋予的,就像黄金一样,黄金的价值是它的应用前景或场景。数据的价值就是数据能力体现出的收益,或者说支持了业务而带来了回报。

13.1 抽象的数据能力架构

本节把数据能力抽象地概括为 4 方面:传输能力、计算能力、算法能力和数据资产能力,后面会讲述在这 4 方面的基础上泛化出的数据应用和价值,如图 13-1 所示。

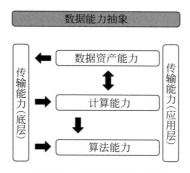

图 13-1 抽象数据构成图

13.1.1 数据传输能力

数据大部分的使用场景必然涉及数据传输,数据传输性能决定了部分应用场景的实现,例如数据实时调用、加工、算法推荐和预测等,而传输抽象出来的支撑体系是底层的数据存储架构(当然非同机房的传输还要考虑到网络环境等。单纯的小数据量调用等一般不涉及这些,但在数据量级大、高并发且对 SLA 要求非常严格时,就是对数据传输能力的考验)。

从产品的角度来讲,可以把数据传输能力分解为底层数据传输效率和应用层数据传输效率。

底层的数据传输效率是指数据源进入后的预处理阶段的传输效率,即加工为产品所需的数据交付物之前的阶段。

数据在可为产品所用之前需要很长的一段加工过程,应用层数据产品基本不涵盖底层数据加工环节,而数据产品会用到规定好的数据交付物(已约定好的结构化或标准化的数据),而利用此数据交付物再经过产品对实际应用场景的匹配和加工来提供数据服务,即使涉及底层数据管理的相关产品也是对 Meta 元数据、使用日志的调用。

底层数据加工计算所涉及的传输效率,直接决定了支撑数据产品高性能、高可靠的自身需求,而应用层的传输会影响用户体验和场景实现。传输机制和体系就像毛细血管一样遍布全身错综复杂,但是流通速率直接决定了大脑供氧是否充足。

13.1.2 数据计算能力

数据计算能力像造血系统一样,根据多种来源的养分原料进行生产加工,最终产出血液,而源数据通过高性能的底层多存储的分布式技术架构进行 ETL(抽取、转换、装载)清洗后产出的是数据中间层通用化的结构化数据交付物。计算速度就像造血速度一样,决定了供应量,而计算速度直接决定了数据应用的时效性和应用场景。

目前最多最普遍的就是离线数据仓库,离线数据仓库大部分担任事后者的角色,即没有办法保证数据的及时性而延后了数据分析及应用的产出,从而导致主要是沉淀经验而难以做到实时决策,而实时数据仓库,甚至说对数据湖(Data Lake)的实时处理已经逐步开放应用多种场景。先不考虑越来越强烈的实时性要求带来的巨大成本是否真的可以创造等值的收益。

强实时可以更接近一个"未来"的状态,即此时此刻。这远比算法对未来的预测更有价值,因为把握眼前比构造多变的未来对一个企业更有价值。甚至说当数据传递过程快过神经元的传递时,那么从获取脑电波的那一刻起,数据处理的驱动结果就远比神经元传递至驱动四肢要快。

13.1.3 数据资产能力

当前都在说"大"数据,数据量级真的越大越好吗?并不是,从某种角度来讲大量无价值或者未探索出价值的数据是个负担,巨大的资源损耗还不敢轻易抹灭。

随着数据量级的急剧放大，带来的是数据孤岛：数据的不可知、不可联、不可控、不可取；那么散乱的数据只有转换成资产才可以更好地发挥价值。

什么是数据资产，笔者觉得可以广泛地定义为可直接使用的交付数据，即可划为资产，当然可直接使用的数据有很多种形式，例如 meta 元数据、特征、指标、标签和 ETL 的结构化或非结构化数据等。

目前很多企业在拓展 Data Lake 的使用场景，直接实时地使用和处理 Data Lake 数据的趋势是一种扩大企业自身数据资产范围和资产使用率的方式。这有利于突破数据仓库模型对数据的框架限定，改变数据使用方式会有更大的想象空间。

数据资产的价值可以分两部分来考虑：一部分是数据资产直接变现的价值；另一部分是通过数据资产作为资源加工后提供数据服务的业务价值。

第一部分比较好理解，就是数据集的输出变现值，如标签、样本和训练集等直接输出按数据量来评估价值；第二部分价值可通过自身数据训练优化后的算法应用而提升业务收益的价值或依于数据的广告投放的营销变现等，甚至说沉淀出的数据资产管理能力作为知识的无形资产对外服务的价值。这些间接的数据应用和服务的变现方式也是数据资产价值的体现并可以精细地进行量化。

13.1.4 数据算法能力

对于传输能力或计算能力来讲都是相对偏数据底层的实现，而离业务场景最近的就是算法能力所提供的算法服务，这是最直接应用于业务场景且更容易被用户感知的数据能力，因为对于传输和计算来讲用户感知的是速度的快慢，从用户视角而言快是应该的，因此用户并不知道何时何地计算或传输。

而算法对业务应用场景是一个从 0 到 1（从无到有）的过程，并且算法是基于数据传输、计算和资产能力之上泛化出的应用能力，或者换句话说是 3 个基础能力的封装进化。

而算法能力是把多元的数据集或者将尽可能多的数据转换为一个决策来应用于业务场景。算法能力的强弱反映了 3 个数据能力是否可以高效配合，是否存在木桶效应，更甚者木桶也没有。当然单纯的算法也可以单独作为无形资产的知识沉淀来提供服务。

对于数据能力架构中的四大能力，传输、计算和资产是基础能力，而算法是高级的泛化能力，而能力的输出和应用才能体现数据价值，数据能力的最大化输出考验着整个数据产品架构体系的通用性和灵活性。因为需要面对的是各种业务演化出的多种多样的场景，对数据能力的需求参差不齐：可能是片面化的，也可能是多种能力匹配协调的。这对产品的通用性就是一个巨大的挑战，想更好地应对这个问题，可能就需要整个数据平台的产品矩阵来支撑和赋能。

13.2　数据能力对数据价值的呈现

从数据应用的角度而言，每个能力都既可以独立开放，也可以组合叠加。如果把能力具象出来就会衍生到产品形态，产品形态是对能力适配后发挥作用的交付物。说到产品形态可以想象以下应用场景。

首先最基础的应用场景就是直接调用数据，数据资产的使用基本会基于特征、指标、标签或者知识等交付形态，而对于使用方来讲这些数据会作为半成品原料或依据来进行二次加工，以便应用于业务场景中，如数据分析、数据挖掘、算法的训练与验证、知识图谱、个性推荐、精准投放（触达）和风控等。数据资产可以统归为在数据市场中通过构建一些OpenAPI进行赋能。

而对于一个工厂来讲，如果仅仅对原材料进行加工（ETL）输出，则核心竞争力很小，需要包装一些上层的基础服务来提升竞争力，可以将数据计算能力融合进来，以便对原材料进行二次加工（聚合统计）。

计算的聚合统计能力加入进来后可以满足大部分数据分析场景的需要，这样就不单单是原材料毫无技术含量的输出，并可以以半成品的形态规避数据敏感。因为对于统计值来讲，这是一个分析结果或结论，并不涉及自身敏感数据的输出，因此核心资产不会泄露，而输出的仅仅是资产的附加值。换句话说知识产权专利依然在手中，通过控制专利泛化出的能力获取回报。

融入计算能力后可以扩展出多种分析场景，如人群的画像分析、多维度的交叉分析、业务的策略分析和监控分析等。

随着时代的发展和业务场景的增多，这时工厂继续需要产业变革，要深耕服务业，逐步抛弃制造业形态，全面提升更高级的数据服务。这时算法能力的加入可以更好地完善服务矩阵。

算法通过封装了传输、计算和资产能力而进行统一的更好理解的业务场景是目标预测和识别等。这样对于企业来讲可以更容易地接受和使用数据服务而不需要再涉及数据加工链路，仅仅需要一个目标结果，通过算法的决策作为参考来指导业务方向。像算法对一些业务场景的预测分析，甚至说一些人工智能场景的识别或学习思考都可以通过算法赋能来实现。对于企业来讲就是从无到有的突破，企业发展进程甚至可能提升好几年，而贯穿以上能力的应用场景都是对数据传输能力的考验，如图13-2所示。

第 13 章 数据价值

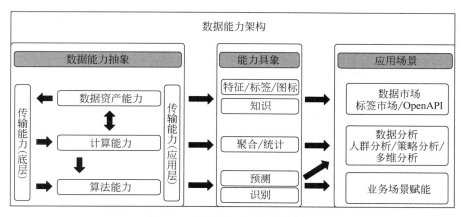

图 13-2 数据能力架构及应用图

产品经理在这之中的价值是什么,笔者认为是抽象出通用能力,然后灵活地组合,以此来构建产品架构和体系,最终根据服务方式确定产品形态。

当然这一切要基于既定的商业或业务方向,甚至在未知的探索中可以灵活地适配多种商业方向或业务,这就不仅是一个平台而是变成了一个大中台。

对于这些数据能力和应用场景来讲,构建一套灵活适配的产品体系和架构是能力与场景适配的关键。

13.3 数据价值对业务的帮助

笔者相信很多数据仓库开发者很难找到数据仓库对业务的价值点,因为数据仓库的主要职能是支持业务并不能像后端开发者那样具备直接性产出,从而导致很多数据仓库开发者无法向业务人员阐述清楚自己创造的价值,从而错过了很多机会。

数据仓库对业务的价值可以从 4 个点去阐述,分别是用户增长/经营性分析、数据质量/产出稳定、查数/用数提效、降低部门支出。

13.3.1 用户增长/经营性分析

用户增长/经营性分析指通过数据仓库建设的数据模型帮助业务方带来用户增长,是数据仓库对业务的核心价值,例如数据模型支撑了用户基础画像、用户在业务中的全流程行为分析、用户在消费行为中的表现情况等,通过数据模型帮助业务能够快速地定位未来活动,以及定位未来业务走向等,为业务在拉新、促活、挽留等方面提供精准流量(而非原有广告投放导致流量较为广泛,定位不精准),在此处数据仓库帮助业务达到了用户规模增长,从原有规模增长到现有规模,为业务带来规模性营收,对于数据仓库开发者来讲,可以从数据表中查询已知的增长规模,还需要和业务方确认增长的方向和其他数据。

13.3.2 数据质量/产出稳定

数据质量/产出稳定更多的价值在于提供的数据能让业务方用得安心,如果因为数据质量问题而经常被业务方反馈或每天都无法向业务方提供数据,则业务方对于数据仓库的依赖会逐渐降低,丧失用数信心,因此稳定数据质量及任务产出也较为重要,此处的价值可从原有数据质量问题触发情况与现有情况进行比对,以及问题触发降低了多少等进行评价,任务产出这里也可以从基线/SLA破线无法交付次数降低了多少去评价,同时还需要做数据质量问题质量可视化监控看板,提供给业务方查看,并按照周/月形式进行定期邮件反馈。

13.3.3 查数/用数提效

查数/用数提效为业务方提高效率,能够快速地找到并使用数据,在这里数据仓库侧需要对元数据维护、定制相关提效数据服务(数据资产门户、指标中心、ONE-ID 等),通过数据服务及元数据维护将查数/用数成本降低,将原业务方几小时查询及询问时长降低至分钟内自助查询定位,极大地降低了成本,同时减少了数据仓库侧问题答疑次数,达到快速定位的效果。

13.3.4 降低部门支出

由于数据仓库任务及数据表以日积月累式增长,所以会导致计算及存储的费用不断提升,从而增加部门的整体费用,通过数据治理或数据技术架构更换,帮助业务方降低整体支出,为部门节省整体开支。

展望篇

第 14 章

AIGC 对数据发展的影响

2023 年，对于 AI 界可谓是百花齐放了，除了已知的 ChatGPT、Mid Journey 等场景 AI 工具，还诞生了用于 3D 渲染、鉴别 AI 创作、生成音频视频等 AI 工具，帮助更多的人快速地提升自己的创作效率，又能在自己非专业领域达到专家水平。

14.1 数据与 AI 的关系

在数据领域需要借助 AI 加快开发应用效率，或者说数据领域如何辅助开发者及非数据领域的不会写代码的运营人员提效。

笔者之前思考过这个问题：

（1）数据质量每次都要配置基础 DQC，而且表行数波动也不稳定，能否实现自动化。

（2）数据治理-计算资源治理能否自动优化 SQL 或者给予优化 SQL 的思路。

（3）对于读者来讲，可视化工具具备的功能可能过多，导致难以找到所需功能，而且所需内容与展示的内容可能存在差异，每次构建数据看板的小模块都需要耗费大量时间。

根据上述内容，目前网易数帆团队推出了全新的 AI 可视化工具 ChatBI，旨在解决新手使用工具时遇到的困难问题，以及熟练使用工具的用户想要降低工作量的问题。此外，ChatBI 还可以帮助业务人员自助解决查询问题，提高工作效率。

14.2 网易 ChatBI 介绍

ChatBI 的目标人群是全部人群，例如老板、运营人员、产品人员，甚至不懂技术的用户，人人用数据，时时用数据，降低用户使用门槛，扩大用户使用规模。

14.3 网易 ChatBI 功能

14.3.1 需求理解能力

借助大模型强大的自然语言理解能力，对用户需求进行理解和拆解。

为了弥补用户认知和降低使用取数工具的门槛，提升取数准确率，借助大模型的语言理解能力，先进行需求分析，这样即使是完全不懂数据分析取数的使用者也能通过需求分析判断系统的取数步骤是否正确，极大地解决了不会查数或者懒查数的痛点问题。

例如读者可能经常在数据圈能听到一个词 SQL-BOY，之所以会被这么称呼，主要还是帮业务方大量地进行查数取数，很多场景中业务方甚至也不清楚到底要看什么数据，很多数据只是大范围看一看，但这样会占用更多数据仓库、数据分析的人力投入，从而造成资源浪费，高质量的问答与对业务需求的分析能力能够帮助业务方快速地浏览自己需要的数据，从而实现内容自助分析，如图 14-1 所示。

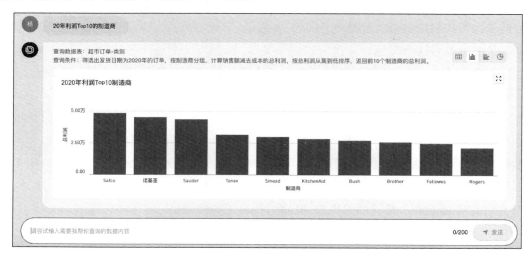

图 14-1　网易 ChatBI 需求理解功能展示图

14.3.2 提供用户所需内容的预测能力

通过猜测用户的提问内容，从多个维度帮助用户找到想要的数据。

用户在使用 ChatGPT 时经常会遇到不知道怎么提问的情况，这种情况也适用于数据分析场景，存在描述不清需求，以及不知该从何查询等情况，猜你想问，从而解除用户侧对业务数据观看角度的局限性，为用户提供更多分析思路，从而找到自己需要的数据，如图 14-2 所示。

图 14-2　网易 ChatBI 猜你想问功能展示图

14.3.3　多轮对话能力

Prompt（提示词）设计和对话管理模块可以实现多轮上下文对话。上下文对话能力是对话式交互的重要能力体现，在取数场景中人的分析往往是循序渐进的，使用者根据前一步取数的结果可能会产生修正或追问的需求。产品精心设计了对话管理模块，把前文信息引入当前轮次对话中，实现多轮上下文对话的能力。

14.3.4　图表绘制能力

借鉴 OpenAI 的 Plugins 思路，增加数据库查表及图表绘制能力，打通对话到可视化的流程，解决用户图表交互问题，后续可以通过图表保存生成用户最终想要的看板内容，如图 14-3 所示。

14.3.5　多端互通能力

支持移动端（移动端可语音）、PC 端获取数据，支持对话历史记录信息，解决用户因设备问题而导致的无法随时查询的限制，随时随地可操作取数。

提到多端互通取数，笔者在这里深有体会，还记得在上家公司时，由于外出旅游身边没

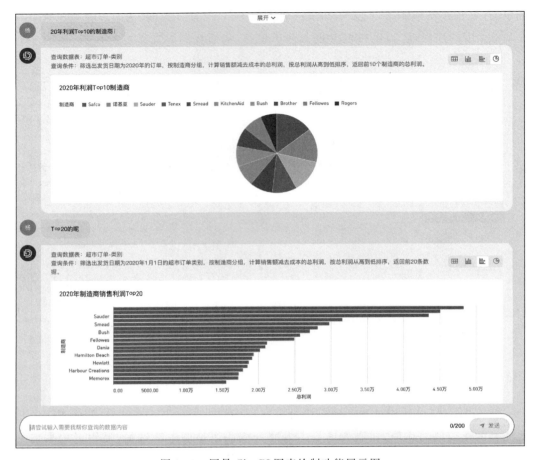

图 14-3　网易 ChatBI 图表绘制功能展示图

携带计算机,又被临时安排协助业务方取数,导致出数时间更长,同时还需要拜托同事帮忙查询,效率很低,如图 14-4 和图 14-5 所示。

14.3.6　过程可验证能力

用户可以根据输入提示词后数据内容通过 SQL 查看以方便二次验证,如图 14-6 所示。

14.3.7　用户可干预能力

用户可以根据输入提示词后显示的数据内容通过干预调整筛选出自己所需要的数据,如图 14-7 所示。

第 14 章　AIGC 对数据发展的影响

图 14-4　网易 ChatBI 移动端功能展示图

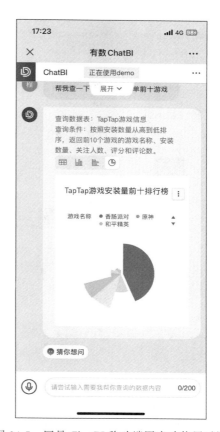

图 14-5　网易 ChatBI 移动端图表功能展示图

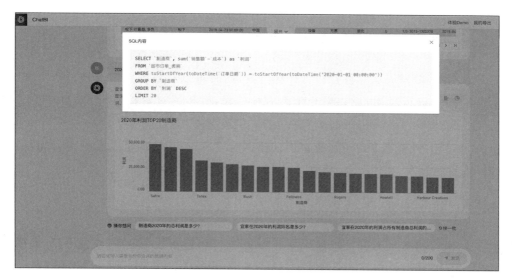

图 14-6　网易 ChatBI 代码查看功能展示图

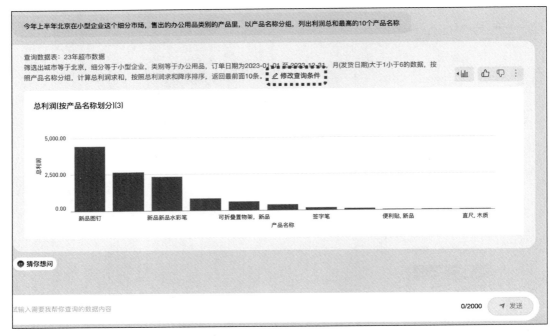

图 14-7 网易 ChatBI 条件修改功能展示图

14.4 数据产品未来规划

14.4.1 网易 ChatBI 产品未来规划

随着 ChatBI 持续发展后续将打通可视化工具，同时可以对数据更精准地进行呈现，通过对查询后的内容进行收藏，最终组合生产看板建设，并能通过看板 AI 渲染自动生成配色，如图 14-8 所示。

使用 AI 的强大分析能力也可将查询出的数据通过 AI 分析生成汇总结论，提升数据分析侧对数据观察的效率，如图 14-9 所示。

14.4.2 其他数据产品未来规划

除了 ChatBI 工具外还有其他数据产品可以进行拓展，包括数据准备、数据分析、数据应用层面，如图 14-10 所示。

第 14 章　AIGC 对数据发展的影响

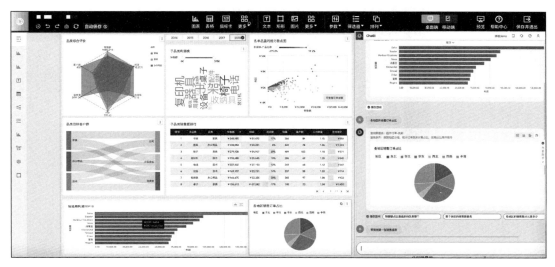

图 14-8　网易 ChatBI 看板生成功能展示图

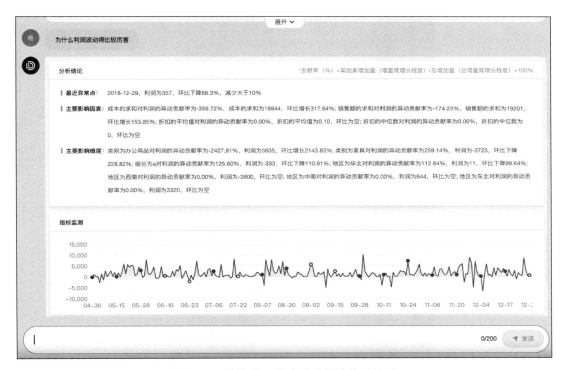

图 14-9　网易 ChatBI 自助分析功能展示图

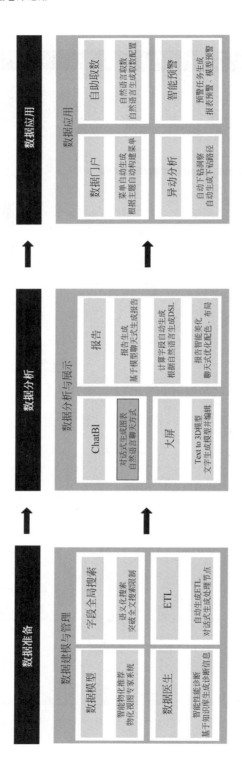

图 14-10 数据产品 AI 化方向图

图 书 推 荐

书　　名	作　　者
仓颉语言实战（微课视频版）	张磊
仓颉语言核心编程——入门、进阶与实战	徐礼文
仓颉语言程序设计	董昱
仓颉程序设计语言	刘安战
仓颉语言元编程	张磊
仓颉语言极速入门——UI全场景实战	张云波
HarmonyOS移动应用开发（ArkTS版）	刘安战、余雨萍、陈争艳 等
公有云安全实践（AWS版·微课视频版）	陈涛、陈庭暄
虚拟化KVM极速入门	陈涛
虚拟化KVM进阶实践	陈涛
移动GIS开发与应用——基于ArcGIS Maps SDK for Kotlin	董昱
Vue+Spring Boot前后端分离开发实战（第2版·微课视频版）	贾志杰
前端工程化——体系架构与基础建设（微课视频版）	李恒谦
TypeScript框架开发实践（微课视频版）	曾振中
精讲MySQL复杂查询	张方兴
Kubernetes API Server源码分析与扩展开发（微课视频版）	张海龙
编译器之旅——打造自己的编程语言（微课视频版）	于东亮
全栈接口自动化测试实践	胡胜强、单镜石、李睿
Spring Boot+Vue.js+uni-app全栈开发	夏运虎、姚晓峰
Selenium 3自动化测试——从Python基础到框架封装实战（微课视频版）	栗任龙
Unity编辑器开发与拓展	张寿昆
跟我一起学uni-app——从零基础到项目上线（微课视频版）	陈斯佳
Python Streamlit从入门到实战——快速构建机器学习和数据科学Web应用（微课视频版）	王鑫
Java项目实战——深入理解大型互联网企业通用技术（基础篇）	廖志伟
Java项目实战——深入理解大型互联网企业通用技术（进阶篇）	廖志伟
深度探索Vue.js——原理剖析与实战应用	张云鹏
前端三剑客——HTML5+CSS3+JavaScript从入门到实战	贾志杰
剑指大前端全栈工程师	贾志杰、史广、赵东彦
JavaScript修炼之路	张云鹏、戚爱斌
Flink原理深入与编程实战——Scala+Java（微课视频版）	辛立伟
Spark原理深入与编程实战（微课视频版）	辛立伟、张帆、张会娟
PySpark原理深入与编程实战（微课视频版）	辛立伟、辛雨桐
HarmonyOS原子化服务卡片原理与实战	李洋
鸿蒙应用程序开发	董昱
HarmonyOS App开发从0到1	张诏添、李凯杰
Android Runtime源码解析	史宁宁
恶意代码逆向分析基础详解	刘晓阳
网络攻防中的匿名链路设计与实现	杨昌家
深度探索Go语言——对象模型与runtime的原理、特性及应用	封幼林
深入理解Go语言	刘丹冰
Spring Boot 3.0开发实战	李西明、陈立为
全解深度学习——九大核心算法	于浩文
HuggingFace自然语言处理详解——基于BERT中文模型的任务实战	李福林

书　名	作　者
动手学推荐系统——基于 PyTorch 的算法实现（微课视频版）	於方仁
深度学习——从零基础快速入门到项目实践	文青山
LangChain 与新时代生产力——AI 应用开发之路	陆梦阳、朱剑、孙罗庚、韩中俊
图像识别——深度学习模型理论与实战	于浩文
编程改变生活——用 PySide6/PyQt6 创建 GUI 程序（基础篇・微课视频版）	邢世通
编程改变生活——用 PySide6/PyQt6 创建 GUI 程序（进阶篇・微课视频版）	邢世通
编程改变生活——用 Python 提升你的能力（基础篇・微课视频版）	邢世通
编程改变生活——用 Python 提升你的能力（进阶篇・微课视频版）	邢世通
Python 量化交易实战——使用 vn.py 构建交易系统	欧阳鹏程
Python 从入门到全栈开发	钱超
Python 全栈开发——基础入门	夏正东
Python 全栈开发——高阶编程	夏正东
Python 全栈开发——数据分析	夏正东
Python 编程与科学计算（微课视频版）	李志远、黄化人、姚明菊 等
Python 数据分析实战——从 Excel 轻松入门 Pandas	曾贤志
Python 概率统计	李爽
Python 数据分析从 0 到 1	邓立文、俞心宇、牛瑶
Python 游戏编程项目开发实战	李志远
Java 多线程并发体系实战（微课视频版）	刘宁萌
从数据科学看懂数字化转型——数据如何改变世界	刘通
Dart 语言实战——基于 Flutter 框架的程序开发（第 2 版）	亢少军
Dart 语言实战——基于 Angular 框架的 Web 开发	刘仕文
FFmpeg 入门详解——音视频原理及应用	梅会东
FFmpeg 入门详解——SDK 二次开发与直播美颜原理及应用	梅会东
FFmpeg 入门详解——流媒体直播原理及应用	梅会东
FFmpeg 入门详解——命令行与音视频特效原理及应用	梅会东
FFmpeg 入门详解——音视频流媒体播放器原理及应用	梅会东
FFmpeg 入门详解——视频监控与 ONVIF＋GB28181 原理及应用	梅会东
Python 玩转数学问题——轻松学习 NumPy、SciPy 和 Matplotlib	张骞
Pandas 通关实战	黄福星
深入浅出 Power Query M 语言	黄福星
深入浅出 DAX——Excel Power Pivot 和 Power BI 高效数据分析	黄福星
从 Excel 到 Python 数据分析：Pandas、xlwings、openpyxl、Matplotlib 的交互与应用	黄福星
云原生开发实践	高尚衡
云计算管理配置与实战	杨昌家
HarmonyOS 从入门到精通 40 例	戈帅
OpenHarmony 轻量系统从入门到精通 50 例	戈帅
AR Foundation 增强现实开发实战（ARKit 版）	汪祥春
AR Foundation 增强现实开发实战（ARCore 版）	汪祥春